Nikon
Z6/Z7 数码微单
摄影技巧大全

雷波 编著

化学工业出版社
·北京·

本书是一本全面解析尼康Z6和Z7强大功能、实拍设置技巧及各类拍摄题材实战技法的实用类书籍，将官方手册中没讲清楚的内容以及抽象的功能描述，以实拍测试、精美照片展示、文字详解的形式讲明白、讲清楚。

本书不仅针对尼康Z6和Z7相机结构、菜单功能以及光圈、快门速度、白平衡、感光度、曝光补偿、测光模式、对焦模式、拍摄模式等设置技巧进行了详细的讲解，更有详细的菜单操作图示，即使是没有任何摄影基础的初学者也能够根据这样的图示，玩转相机的菜单及功能设置。

在镜头与附件方面，本书针对数款适合该相机配套使用的高素质镜头进行了详细点评，同时对常用附件的功能、使用技巧进行了深入的解析，以便各位读者有选择地购买相关镜头、附件，与尼康Z6和Z7配合使用拍摄出更漂亮的照片。

在实战技术方面，本书以大量精美的实拍照片，深入剖析了使用尼康Z6和Z7拍摄人像、风光、鸟类、花卉、建筑等常见题材的技巧，以便读者快速提高摄影技能，达到较高的境界。

全书语言简洁，图示丰富、精美，即使是接触摄影时间不长的新手，也能够通过阅读本书在较短的时间内精通尼康Z6和Z7相机的使用并提高摄影技能，从而拍摄出令人满意的摄影作品。

图书在版编目(CIP)数据

Nikon Z6/Z7数码微单摄影技巧大全/雷波编著.
—北京：化学工业出版社，2019.3（2023.1重印）
ISBN 978-7-122-33812-9

Ⅰ.①N… Ⅱ.①雷… Ⅲ.①数字照相机-单镜头反光照相机-摄影技术 Ⅳ.①TB86②J41

中国版本图书馆CIP数据核字（2019）第016093号

责任编辑：孙　炜　王思慧　　　　　　　　　　装帧设计：王晓宇
责任校对：宋　夏

出版发行：化学工业出版社（北京市东城区青年湖南街13号　邮政编码100011）
印　　装：北京宝隆世纪印刷有限公司
787mm×1092mm　1/16　印张14　字数350千字　2023年1月北京第1版第4次印刷

购书咨询：010-64518888　　　售后服务：010-64518899
网　　址：http://www.cip.com.cn
凡购买本书，如有缺损质量问题，本社销售中心负责调换。

定　　价：99.00元

前 言

Nikon Z6 和 Z7 是尼康最新发布的全画幅数码微单相机，其中尼康 Z7 以高像素为主要特色，尼康 Z6 则以高感光度及高速拍摄为主要特色。尼康 Z7 与尼康 Z6 的区别主要体现在像素、对焦点数量、原生感光度以及延时摄影方面。其中 Nikon Z6 配备 2400 万像素感光元件、273 点混合自动对焦系统、原生感光度范围 ISO100 ～ ISO51200，连拍速度达到 12 张 / 秒；Nikon Z7 则配备了 4750 万像素感光元件、493 点混合式自动对焦系统，原生感光度范围 ISO64 ～ ISO25600，连拍速度最高为 9 张 / 秒，并且支持 8K 延时摄影。

除此之外，尼康 Z7 与尼康 Z6 在机身按键、菜单设置以及特有功能等方面均完全相同。比如两款机型均支持 5 轴防抖功能，最高快门速度均为 1/8000s，因此本书内容对使用 Z7 和 Z6 的读者均有帮助。

本书是一本全面解析 Nikon Z6 和 Z7 强大功能、实拍设置技巧及各类拍摄题材实战技法的实用类书籍，将官方手册中没讲清楚的内容以及抽象的功能描述，通过实拍测试及精美照片示例具体、形象地展现出来。

在相机功能及拍摄参数设置方面，本书不仅针对 Nikon Z6 和 Z7 相机的结构、菜单功能，以及光圈、快门速度、白平衡、感光度、曝光补偿、测光、对焦、拍摄模式等设置技巧进行了详细的讲解，更有详细的菜单操作图示，即使是没有任何摄影基础的初学者，也能够根据这样的图示，掌握相机的菜单及功能设置。

在镜头与附件方面，本书针对数款适合 Nikon Z6 和 Z7 相机配套使用的高素质镜头进行了详细点评，同时对常用附件的功能、使用技巧进行了深入的解析，以便各位读者有选择地购买相关镜头、附件，与 Nikon Z6 和 Z7 配合使用拍摄出更漂亮的照片。

在实战技术方面，本书通过大量精美的实拍照片，深入剖析了使用 Nikon Z6 和 Z7 拍摄人像、风光、动物、花卉、建筑等常见题材的技巧，以便读者快速提高摄影技能，达到较高的境界。

经验与解决方案是本书的亮点之一，本书精选了数位资深玩家总结出来的关于 Nikon Z6 和 Z7 的使用经验及技巧，这些来自一线摄影师的经验和技巧，一定能够帮助各位读者少走弯路，让你感觉身边时刻有"高手点拨"。

本书还汇总了摄影爱好者初上手使用 Nikon Z6 和 Z7 时可能会遇到的一些问题、问题出现的原因及解决方法，相信能够解决许多爱好者遇到这些问题求助无门的苦恼。

为了方便及时地与笔者交流与沟通，欢迎读者朋友加入光线摄影交流 QQ 群（群 12：327220740）。

关注我们的微博 http://weibo.com/leibobook 或微信公众号"好机友摄影"，每日接收全新、实用的摄影技巧。也可以通过服务电话及微信号 13011886577 与我们沟通交流。

编 者
2019 年 1 月

第 4 章
活用曝光模式拍出好照片

第 5 章
拍出佳片必须掌握的高级曝光技巧

第 6 章
尼康 Z6/Z7 视频拍摄技巧

第 7 章
掌握 Wi-Fi 功能设定

第 8 章
尼康 Z6/Z7 相机适用镜头推荐

第 9 章
用附件为照片增色的技巧

第 10 章
尼康 Z6/Z7 人像摄影技巧

第 11 章
尼康 Z6/Z7 风光摄影技巧

第 12 章
尼康 Z6/Z7 动物摄影技巧

第 13 章
尼康 Z6/Z7 花卉摄影技巧

第 14 章
尼康 Z6/Z7 建筑摄影技巧

第1章

掌握尼康 Z6/Z7从机身开始

相机
正面结构

注：本章内容基于Z7讲解，Z6与Z7外观一致，可参考学习。

相机
顶部结构

① 模式拨盘

在按下模式拨盘锁定解除按钮后，旋转此拨盘即可选择不同的拍摄模式

② 模式拨盘锁定解除按钮

按下此按钮并旋转模式拨盘可选择一种拍摄模式

③ 热靴

用于外接闪光灯，热靴上的触点正好与外接闪光灯上的触点相合。也可以外接无线同步器，在有影室灯的情况下起引闪的作用

④ 控制面板

可以查看曝光参数、释放模式、电池电量及剩余可拍摄张数等信息

⑤ ISO按钮

按下 ISO 按钮并旋转主指令拨盘可调整 ISO 感光度的数值

⑥ 视频录制按钮

按下视频录制按钮将开始录制视频，显示屏中会显示录制指示及可用录制时间，当录制完成后，再次按下此按钮将结束录制

⑦ 电源开关

用于控制相机的开启及关闭

⑧ 曝光补偿按钮

按下该按钮并旋转主指令拨盘，可以选择曝光补偿值

⑨ 扬声器

用于播放声音

⑩ 主指令拨盘

旋转主指令拨盘可以在拍摄时调整快门速度，或者在播放时选择照片；当与其他按钮组合使用时，可以更改相机的设定，如设置白平衡、感光度、曝光补偿等

⑪ 屈光度调节控制器

对于视力不好又不想戴眼镜拍摄的用户，可以通过调整屈光度，以便在取景器中看到清晰的影像

相机
背面结构

① 播放按钮

按下此按钮，可切换至查看照片状态

② 删除按钮

在查看照片时按下该按钮，屏幕中将显示一个确认对话框，再次按下此按钮可删除图像并返回播放状态

③ 取景器接目镜

用于隔离眼睛与取景器，其软性橡胶质地能够提升拍摄时眼睛的舒适度

④ 取景器

在拍摄时，通过观察取景器中的景物可以进行取景构图

⑤ 眼感应器

可以感应到人眼观看取景器的动作，当感应到靠近观看取景器时，取景方式会自动切换到取景器，若离开取景器，则会切换到显示屏上显示

⑥ 显示屏

使用显示屏可以取景构图、设定菜单功能、播放照片和短片；此显示屏可以翻折一定的角度，摄影师在拍摄时可以向上或向下翻折，以满足不同角度的拍摄需求；此外，此显示屏还可以触摸操作，通过滑动或点击的方式来播放照片或设定菜单

⑦ DISP按钮

在拍摄状态或播放照片模式下，每按一次此按钮，就切换一次信息显示

⑧ 照片/视频选择器

将其拨至 📷 ，可以进入照片拍摄模式；将其拨至 🎥 ，可以进入视频拍摄模式

⑨ AF-ON按钮

在照片或视频拍摄模式下，按下AF-ON按钮可以进行自动对焦

⑩ 副选择器

在拍摄时，向上、下、左、右拨动副选择器可以选择自动对焦点，按下副选择器中央则可以锁定曝光与对焦，除此之外，还可以通过"自定义控制功能"菜单为其指定其他功能

⑪ i按钮

在照片拍摄和视频拍摄模式下，按下此按钮可显示常用设定界面，可以快速地修改常用菜单功能；在播放照片过程中，按下此按钮将显示与播放有关的功能。如评级、选择发送/取消选择（智能设备/PC/WT）、润饰等项目

⑫ OK（确定）按钮

用于选择菜单命令或确认当前的设置

⑬ 多重选择器

用于选择菜单命令和浏览照片等

⑭ MENU菜单按钮

按下此按钮后可显示相机的菜单

⑮ 释放模式按钮

按下此按钮并同时旋转主指令拨盘可以选择不同的释放模式

⑯ 帮助/缩略图/缩小播放按钮

在菜单操作时，如果在屏幕最下方显示?图标，可以按下此按钮查看当前所选项或菜单的说明；在回放照片时，按下此按钮可以显示缩略图或缩小照片的显示比例

⑰ 放大播放按钮

在查看已拍摄的照片时，按下此按钮可以放大照片以观察其局部

相机
底部结构

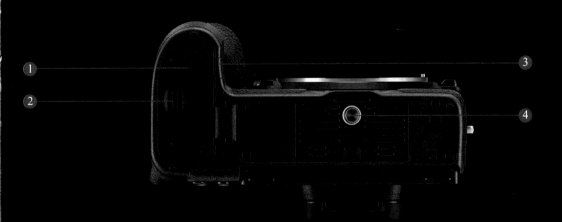

① 电池舱盖

打开该舱盖可安装和更换锂离子电池

② 电池舱盖锁闩

安装电池时，应先移动电池舱盖锁闩，然后打开舱盖

③ 照相机电源连接器盖

用于安装另购的电源连接器和适配器

④ 脚架连接孔

用于将相机固定在脚架上。可通过顺时针转动脚架快装板上的旋钮，将相机固定在脚架上

相机
侧面结构

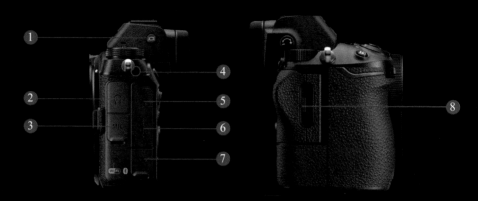

① 显示屏模式按钮

用于控制取景图像和信息在相机上的显示模式。每按此按钮，将按照自动显示开关→仅取景器→仅显示屏→优先考虑取景器的顺序循环切换显示屏或取景器

② 耳机接口

用来连接耳机

③ 外置麦克风接口

用来连接麦克风

④ 充电指示灯

将 EN-EL 15b 电池装入相机内，在关机的状态下连接可充电电源适配器为其接入电源，此灯将亮起琥珀色的光，充电完成时，指示灯将熄灭

⑤ USB接口

利用USB连接线可将相机与计算机连接起来，以便在计算机上查看图像

⑥ HDMI接口

使用另购的高清晰度多媒体接口线

（HDMI）或C型HDMI连接线，可用来将相机连接至高清视频设备上

⑦ 配件端子

可以插入快门线或无线遥控器等附件设备

⑧ 存储卡插槽盖

打开此盖可拆装存储卡。Nikon Z7可以安装XQD存储卡

相机
控制面板

① 快门速度
② ISO感光度
③ 释放模式
④ 光圈
⑤ 电池电量指示
⑥ 剩余可拍摄张数
⑦ "K"（当剩余存储空间足够拍摄1000张以上照片时出现）

相机
显示屏参数

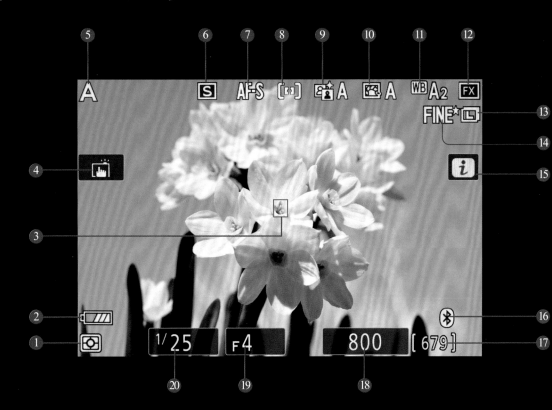

① 测光模式	⑧ AF区域模式	⑮ i图标
② 电池电量指示	⑨ 动态D-Lighting	⑯ 蓝牙指示
③ 对焦点	⑩ 优化校准	⑰ 剩余可拍摄张数
④ 触控拍摄	⑪ 白平衡	⑱ ISO感光度
⑤ 拍摄模式	⑫ 影像区域	⑲ 光圈
⑥ 释放模式	⑬ 图像尺寸	⑳ 快门速度

第2章
初上手一定要学会的菜单设置

菜单的使用方法

　　Nikon Z7 的菜单功能非常强大，熟练掌握菜单相关的操作，可以帮助我们进行更快速、准确的设置。下面先来介绍一下机身上与菜单设置相关的功能按钮。

● 多重选择器
用于选择菜单命令。按下◀或▶方向键还可以在子菜单与上级菜单之间进行切换

● 菜单按钮
按下此按钮即可在显示屏中显示菜单项目

● OK 按钮
用于选择菜单命令或确认当前的设置

● 帮助按钮
在选择各个菜单命令时，按下此按钮可以查看基本的功能介绍

　　使用菜单时，可以先按下 MENU 按钮，在显示屏中就会显示相应的菜单项目，位于菜单左侧从上到下有 8 个图标，代表 8 个菜单项目，依次为播放▶、照片拍摄🅾、视频拍摄🎬、自定义设定✐、设定🔧、润饰🖌、我的菜单🗐或最近的设定🕘，以及最底部的"问号"图标（即帮助图标）。当"问号"图标出现时，表明有帮助信息，此时可以按下帮助按钮进行查看。

　　菜单的基本操作方法如下。

❶ 要在各个菜单项之间进行切换，可以按下◀方向键切换至左侧的图标栏，再按下▲或▼方向键进行选择。

❷ 在左侧选择一个菜单项目后，按下▶方向键可进入下一级菜单中，然后可按下▲和▼方向键选择其中的子菜单命令。

❸ 选择一个子菜单命令后，再次按下▶方向键进入其参数设置页面，可以使用主指令拨盘、多重选择器等在其中进行参数设置。

❹ 参数设置完毕后，按下OK按钮即可确定参数设置。如果按下◀方向键，则返回上一级菜单中，并不保存当前的参数设置。

　　由于 Nikon Z7 相机的液晶显示屏是可触摸操作的，所以在使用菜单时，也可以通过点击屏幕进行操作。

↓ 设定步骤

❶ 在左列菜单图标栏中点击选择所需的图标

❷ 点击选择要修改的菜单项目

❸ 点击选择所需的选项

在显示屏中设置常用参数

Nikon Z7 作为一款全画幅数码微单相机，除了可以在控制面板 (即肩屏) 中进行常用参数设置外，在显示屏 (即相机背面的液晶显示屏) 中也提供了参数设置功能。

在拍摄模式下，按下 *i* 按钮便可以进入常用设定菜单界面，其中包括优化校准、图像品质、AF 区域模式、白平衡模式、测光模式及对焦模式等常用菜单功能。

而在视频拍摄、播放照片模式下，按下 *i* 按钮也会显示与视频或播放相关的常用设定菜单。

▲ 当屏幕实时显示图像时，按下 *i* 按钮显示的常用设定界面

▲ 在信息显示状态时，按下 *i* 按钮显示的常用设定界面

▲ 在播放照片模式下，按下 *i* 按钮显示的常用设定界面

下面讲解在常用设定界面中设置参数的步骤。

❶ 按下 *i* 按钮以显示常用设定界面。

❷ 使用多重选择器选择要设置的拍摄参数。

❸ 转动主指令拨盘选择一个选项，若存在子选项，则转动副指令拨盘选择。然后按下 OK 按钮确定。

❹ 也可以在步骤 ❷ 的基础上，按下 OK 按钮可以进入该拍摄参数的具体设置界面。

❺ 按下 ◀ 和 ▶ 方向键选择所需的参数，然后按下 OK 按钮确定更改并返回初始界面。

如果是使用触摸的方式操作，可以在显示屏拍摄信息处于激活状态下时，点击屏幕上的 *i* 设定 图标进入常用设定界面，然后通过点击选择的方式进行操作。

选择取景模式

　　Nikon Z7 相机既可以通过显示屏取景拍摄，也可以通过电子取景器进行取景拍摄，用户可以根据自己的拍摄习惯来选择取景模式。通过按下相机顶部侧面的显示屏模式按钮，可以按照：自动显示开关→仅取景器→仅显示屏→优先考虑取景器的顺序循环切换。

　　● 自动显示开关：当相机的眼感应器感应到眼睛靠近取景器时，会在取景器中显示参数和图像，当感应到眼睛离开取景器时，则在显示屏中显示参数和图像。

　　● 仅取景器：在取景器中除了显示图像和参数外，进行设置菜单和播放操作时，也显示在取景器中，显示屏则是空白的，此模式适合在剩余电量较少时使用。

　　● 仅显示屏：将在显示屏中进行取景拍摄、菜单设定和播放操作。即使将眼睛靠近取景器，取景器也不会显示内容。

　　● 优先考虑取景器：此模式与单反相机类似。在照片拍摄模式下，眼睛睛靠近取景器时会开启取景器显示，而将眼睛离开时会关闭取景器，显示屏则并不会显示内容。而在视频拍摄模式下，播放或者设定菜单时，当眼睛离开取景器时，会在显示屏中显示内容。

　　如果想要减少取景方式的数量，可以通过"限制显示屏模式选择"菜单勾选想要保留的模式，以简化按下显示屏模式按钮选择模式时的操作。

▲ 显示屏模式按钮

❶ 在设定菜单中，点击选择限制显示屏模式选择选项

❷ 点击 选择 图标选择要保留的模式选项，然后点击图标 OK确定 确定

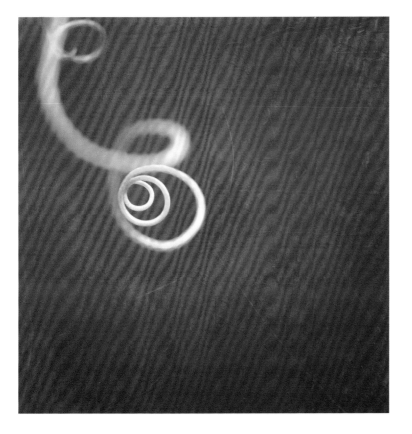

◀ 在拍摄比较细小的题材时，建议使用显示屏进行拍摄，这样在放大图像时，可以更直观、准确地查看画面对焦点是否清晰『焦距：60mm ┆ 光圈：F4 ┆ 快门速度：1/180s ┆ 感光度：ISO200』

在控制面板中设置常用拍摄参数

除了上面讲解的显示屏外，Nikon Z7 的控制面板（也被许多摄友称为"肩屏"）也是在参数设置时常用的部件，虽然 Nikon Z7 的控制面板中显示的参数不是非常多，但还是可以满足我们进行一些常用参数设置的。

通常情况下，在机身上按下相应的按钮，然后转动主指令拨盘即可调整相应的参数。

光圈、快门速度等参数，在某些拍摄模式下，直接转动主指令拨盘或副指令拨盘即可进行设置，而无须按下任何按钮。右图展示了使用控制面板设置 ISO 感光度时的操作步骤。

▶ 操作方法
按下ISO按钮并转动主指令拨盘，即可调节 ISO 感光度的数值

设置相机显示参数

利用电源关闭延迟提高相机的续航能力

"电源关闭延迟"菜单可以控制在播放、菜单、图像查看以及待机过程中，未执行任何操作时，显示屏保持开启的时间长度。

⬇ 设定步骤

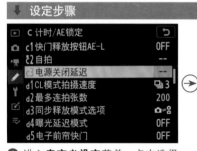

❶ 进入**自定义设定**菜单，点击选择 **c 计时 /AE 锁定**中的 c3 **电源关闭延迟**选项

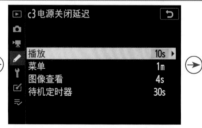

❷ 在其子菜单中可以点击选择**播放、菜单、图像查看**或**待机定时器**选项

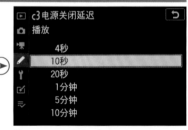

❸ 如果选择**播放**选项，点击设置回放照片时显示屏关闭的延迟时间

 高手点拨：在 "c3电源关闭延迟"菜单中将时间设置得越短，对节省电池的电力越有利，这一点在身处严寒环境中拍摄时显得尤其重要，因为在这样的低温环境中电池的电力消耗会很快。

● 播放：用于设置回放照片时显示屏关闭的延迟时间。
● 菜单：用于设置在进行菜单设置时显示屏关闭的延迟时间。
● 图像查看：用于设置拍摄照片后，相机自动显示照片效果时显示屏关闭的延迟时间。
● 待机定时器：用于设置在拍摄过程中未执行任何操作时，显示屏、取景器显示或控制面板保持开启的时间长度。

利用取景网格显示轻松构图

　　Nikon Z7 相机的"取景网格显示"功能可以为我们进行比较精确构图提供极大的便利，如严格的水平线或垂直线构图等。另外，4×4 的网格结构也可以帮助我们进行较准确的 3 分法构图，这在拍摄时是非常实用的。

　　该菜单用于设置是否在取景时显示网格，包含"开启"和"关闭"两个选项。选择"开启"选项时，在拍摄时显示屏中将显示网格线以辅助构图。

⬇ 设定步骤

① 进入**自定义设定**菜单，点击选择 **d 拍摄 / 显示**中的 d9 **取景网格显示**选项

② 点击可选择**开启**或**关闭**选项

③ 显示网格时的显示屏状态

将设置应用于即时取景以显示预览效果

　　在照片拍摄模式下，当改变曝光补偿、白平衡、创意风格或照片效果时，通常可以在显示屏中即刻观察到这些设置对照片的影响，以正确评估是否需要修改或如何修改这些拍摄设置。

　　但如果不希望这些拍摄设置影响液晶显示屏中显示的照片，可以使用"将设置应用于即时取景"菜单关闭此功能。

　　● 开启：选择此选项，则修改拍摄设置时，液晶显示屏将即刻反映该设置对照片的影响。

　　● 关闭：选择此选项，则改变拍摄设置时，液晶显示屏中的照片将无变化。

⬇ 设定步骤

① 进入**自定义设定**菜单，点击选择 **d 拍摄 / 显示**中的 d8 **将设置应用于即时取景**选项

② 按下▲或▼方向键选择所需选项

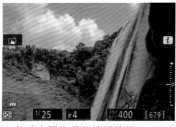

▲ 修改白平衡前的拍摄效果

▲ 修改白平衡后的拍摄效果

设置相机控制参数

触控控制

Nikon Z7 相机的屏幕支持触摸操作，用户可以触摸屏幕来进行拍摄照片、设置菜单、回放照片等操作。

在"触控控制"菜单中，用户在"启用 / 禁用触控控制"选项中，可以选择是否启用触摸操作功能，或者仅在播放照片时使用触摸操作。

在"满帧播放轻拨方向"选项中，用户可以设定当在全屏播放照片时，是向左轻拨还是向右轻拨的方式来显示下一张照片。

▼ 触控操作非常迅速而方便，在拍摄时使用触控快门抓拍到了孩子玩耍的画面『焦距：70mm ¦ 光圈：F3.2 ¦ 快门速度：1/800s ¦ 感光度：ISO100』

❶ 在设定菜单中选择触控控制选项　　❷ 点击选择启用 / 禁用触控控制选项

❸ 点击选择所需的选项　　❹ 若在步骤❷中选择了满帧播放轻拨方向选项，点击选择所需的选项

自定义  菜单

利用"自定义 **i** 菜单"功能，摄影师可以根据自己的喜好，自定义选择 i 菜单中要显示的选项及每一个选项的位置，以方便自己的拍摄操作。

支持自定义 i 菜单的项目有选择影像区域、图像品质、图像尺寸、曝光补偿、ISO 感光度设定、白平衡、设定优化校准、色空间、动态 D-Lighting、长时间曝光降噪、高 ISO 降噪、测光、闪光模式、闪光补偿、对焦模式、AF 区域模式、减震、自动包围、多重曝光、HDR（高动态范围）、静音拍摄、释放模式、自定义控制功能、曝光延迟模式、电子前帘快门、将设置应用于即时取景、双屏放大、轮廓增强加亮显示、显示屏 / 取景器亮度、Bluetooth 连接、Wi-Fi 连接等常用功能。

↓ 设定步骤

❶ 进入**自定义设定**菜单，点击选择 f **控制**中的 f1 **自定义 i 菜单**选项

❷ 点击选择 i 菜单中要注册功能的位置选项

❸ 点击选择要注册的选项

▲ 将常用的功能注册到 i 菜单，可以在拍摄时省去不少设置相机功能的时间『焦距：35mm ┊ 光圈：F8 ┊ 快门速度：10s ┊ 感光度：ISO320』

自定义控制功能

Nikon Z7 相机可以在"自定义控制功能"菜单中，根据个人的操作习惯或临时的拍摄需求，为 Fn1 按钮、Fn2 按钮、AF-ON 按钮、副选择器、副选择器的中央、视频录制按钮、镜头 Fn 按钮、镜头控制环指定一个功能。

在"自定义控制功能"菜单中，可以为各按钮在单独使用时，或按钮＋指令拨盘组合使用时指定不同的功能，如果能够按自己的拍摄操作习惯对该按钮的功能进行重新定义，就能够使拍摄操作更顺手。

例如，若摄影师将按下 AF-ON 按钮的操作指定为"选择中央对焦点"功能，那么在拍摄时，按下 AF-ON 按钮即可选择中央对焦点。

可以指定功能有下列选项。

●选择中央对焦点：按下指定按钮，可以选择中央对焦点。

●AF-ON：按下指定按钮时，可以执行自动对焦操作。

●仅 AF 锁定：按住指定按钮时，仅对焦被锁定。

●AE 锁定（保持）：按下指定按钮时，曝光被锁定并保持锁定直到再次按下该按钮或待机定时器时间被耗尽。

●AE 锁定（快门释放时解除）：按下指定按钮时，曝光锁定并保持锁定直至再次按下该指定按钮、快门被释放或待机定时器时间耗尽。

●仅 AE 锁定：按住指定按钮时，仅曝光被锁定。

●AE/AF 锁定：按住指定按钮时，对焦和曝光被锁定。

●FV 锁定：按下指定按钮，将锁定另购闪光灯组件的闪光数值，在不改变闪光级别的情况下重新构图，可确保即使重新构图后被摄对象不在画面中央，被锁定的闪光量也可用于拍摄该对象。再次按下指定按钮则解除 FV 锁定。

●↯禁用／启用：若当前闪光灯处于关闭状态，按住指定按钮将选择前帘同步闪光模式，若当前闪光灯处于启用状态，按住指定按钮时将禁用闪光灯。

●预览：按住指定按钮时可以预览画面的色彩、曝光和景深。

●矩阵测光：按住指定按钮时，矩阵测光将被激活。

●中央重点测光：按住指定按钮时，中央重点测光将被激活。

●点测光：按住指定按钮时，点测光将被激活。

●亮部重点测光：按住指定按钮时，亮部重点测光将被激活。

● 曝光包围连拍：若使用单张拍摄释放模式进行曝光、闪光或使用动态 D-Lighting 包围时按住指定按钮，则每次按下快门按钮，相机均会拍摄当前包围程序中的所有照片。当进行白平衡包围或选择了一种连拍模式时，相机将在持续按下快门释放按钮时重复包围连拍。

● 同步释放选择：当相机连接了另购的无线遥控器时，按下指定按钮可在遥控释放以及主控释放或同步释放之间进行切换。

●+NEF（RAW）：在将图像品质设为 JPEG 精细、JPEG 标准或 JPEG 基本时，按下指定按钮，"RAW"将出现在屏幕中，并且在按下该指定按钮后拍摄下一张照片的同时，将记录一个 NEF（RAW）副本。若不需要记录一个 NEF（RAW）副本而直接退出，可再次按下指定按钮。

❶ 进入**自定义设定**菜单，点击选择 **f 控制**中的 **f2 自定义控制功能**选项

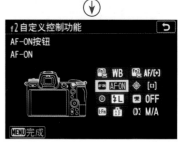

❷ 点击选择按下一个按钮选项（此处以 AF-ON 按钮为例）

❸ 点击指定当按下 AF-ON 按钮时所执行的功能

●取景网格显示：按下指定按钮可以显示或隐藏取景网格显示。

●缩放开启 / 关闭：按下指定按钮可以放大显示当前对焦点的周围区域，再次按下指定按钮则可缩小。

●我的菜单：按下指定按钮，将显示"我的菜单"。

●访问我的菜单中首个项目：按下指定按钮，可快速转至"我的菜单"中的首个项目。选择该选项可快速进入常用菜单项目。

●播放：按下指定按钮可以开始播放照片。

●保护：在播放过程中按下指定按钮可以保护当前照片。

●选择影像区域：按下指定按钮并同时旋转主指令或副指令拨盘，可选择影像区域。

●图像品质 / 尺寸：按下指定按钮并同时旋转主指令拨盘，可选择图像品质选项，按下指定按钮并同时旋转副指令拨盘，则可选择图像尺寸选项。

●白平衡：按下指定按钮并同时旋转主指令拨盘，可以选择白平衡选项，当选择了自动或荧光灯选项时，按下指定按钮并同时旋转副指令拨盘则可以选择一个子选项。

●设定优化校准：按下指定按钮并同时旋转指令拨盘可选择优化校准。

●动态 D-Lighting：按下指定按钮并同时旋转指令拨盘可调整 D-Lighting。

●测光：按下指定按钮并同时旋转指令拨盘可选择测光选项。

●闪光模式 / 补偿：按下指定按钮并同时旋转主指令拨盘可选择闪光模式，按下指定按钮并同时旋转副指令拨盘则可调整闪光量。

●对焦模式 /AF 区域模具式：按下指定按钮并同时旋转主指令拨盘和副指令拨盘，可以选择对焦和 AF 区域模式。

● 自动包围：按下指定按钮并同时旋转主指令拨盘，可以选择包围序列中的拍摄张数，按下指定按钮并同时旋转副指令拨盘则可以选择包围增量或动态 D-Lighting 的量。

●多重曝光：按下指定按钮并同时旋转主指令拨盘，可以选择模式，按下指定按钮并同时旋转副指令拨盘可以选择拍摄张数。

●HDR（高动态范围）：按下指定按钮并同时旋转主指令拨盘可选择"HDR 模式"，按下指定按钮并同时旋转副指令拨盘则可选择曝光差异。

●曝光延迟模式：按下指定按钮并同时旋转主指令或副指令拨盘，可以选择曝光延迟模式。

●快门速度和光圈锁定：在 S 快门优先和 M 手动模式下，按下控制按钮并同时旋转主指令拨盘可锁定快门速度；在 A 光圈优先和 M 手动模式下，按下控制按钮并同时旋转副指令拨盘则可锁定光圈。

●轮廓增强加亮显示：按下控制按钮并同时旋转主指令拨盘可选择轮廓增强级别，按下控制按钮并同时旋转副指令拨盘则可选择轮廓增强颜色。

●评级：按下指定按钮并同时旋转指令拨盘可以对当前播放的照片进行评级。

●选择非 CPU 镜头编号：按下指定按钮并同时旋转主指令或副指令拨盘，可选择使用非 CPU 镜头数据选项指定的镜头编号。

●与多重选择器相同：在拍摄或播放过程中，向上、向下、向左或向右按下副选择器与按下多重选择器上的▲、▼、◀、▶起到相同的作用。若要选择变焦过程中副选择器所执行的功能，需选择"与多重选择器相机"并按下▶方向键，然后选择"滚动"或"显示下一 / 上一画面"。

●对焦点选择：使用指定按钮可以选择对焦点，在播放照片时，使用指定按钮可结束播放并启用对焦点选择。

●对焦（M/A）：不管对焦模式的设定如何，使用指定按钮便可以手动对焦。半按快门或按下 AF-ON 按钮可使用自动对焦重新进行对焦。

●光圈：使用指定按钮可以调整光圈。

●曝光补偿：使用指定按钮可以调整曝光补偿。

●无：按下按钮或按下按钮并同时旋转指令拨盘都不起作用。

设置快门速度和光圈锁定

Nikon Z7 相机提供了"快门速度和光圈锁定"功能，用户可以根据拍摄需求来设定在快门优先和手动曝光模式下锁定快门速度，即将"快门速度锁定"选择"开启"；在光圈优先和手动曝光模式下锁定光圈，即将"光圈锁定"选择"开启"，当锁定快门速度或光圈值后，能够避免手指误操作拨盘或屏幕，而改变画面的景深或拍摄效果的情况发生。快门速度和光圈锁定生效期间，屏幕中将显示一个 **L** 图标。快门速度和光圈锁定在 P 模式下不可用。

❶ 进入**自定义设定**菜单，选择 **f 控制**中的 f4 **快门速度和光圈锁定**选项

❷ 点击选择**快门速度锁定**或**光圈锁定**选项

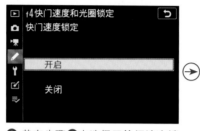

❸ 若在步骤❷中选择了**快门速度锁定**选项，点击选择**开启**或**关闭**选项

❹ 若在步骤❷中选择了**光圈锁定**选项，点击选择**开启**或**关闭**选项

设置按钮与拨盘的配合使用方式

默认情况下，在使用 **⊞**、ISO 或 **⊟**（⟳）按钮等机身按钮配合主 / 副指令拨盘设置参数时，需要按住此按钮的同时转动指令拨盘。

根据个人的操作习惯，也可以在"释放按钮以使用拨盘"菜单中选择"是"选项，将其指定为按下并释放某按钮后，再旋转指令拨盘来设置参数。在此情况下，当再次按下机身上的其他按钮或半按快门释放按钮时，则结束当前的参数设置。

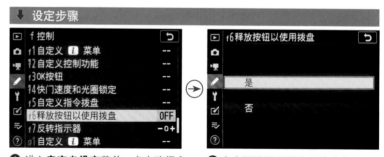

❶ 进入**自定义设定**菜单，点击选择 f **控制**中的 f6 **释放按钮以使用拨盘**选项

❷ 点击可设置是否启用该功能

高手点拨：选择"是"选项，可以应用于 **⊞**、ISO或 **⊟**（⟳）按钮，也同时应用于已使用 f2或g2（自定义控制功能）指定了以下功能的按钮：选择影像区域、图像品质/尺寸、白平衡、设定优化校准、动态D-Lighting、测光、闪光模式/补偿、对焦模式/AF区域模式、自动包围、多重曝光、HDR（高动态范围）、曝光延迟模式、快门速度和光圈锁定、轮廓增强加亮显示、选择非CPU镜头编号以及麦克风灵敏度。

设置拍摄控制参数

空插槽时快门释放锁定

如果忘记为相机装存储卡，无论你多么用心拍摄，终将一张照片也留不下来，白白浪费时间和精力，在"空插槽时快门释放锁定"菜单中可以设置是否允许无存储卡时按下快门，从而防止出现未安装存储卡而进行拍摄的情况。

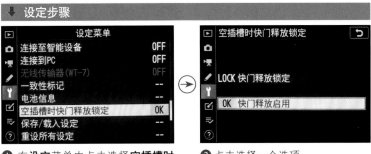

⬇ 设定步骤

❶ 在**设定**菜单中点击选择**空插槽时快门释放锁定**选项

❷ 点击选择一个选项

● 快门释放锁定：选择此选项，则不允许无存储卡时按下快门。

● 快门释放启用：选择此选项，则未安装存储卡时仍然可以按下快门，但照片无法被存储，而被保存在相机内置的缓存中，只能短暂浏览，关机后照片将消失。

保存/载入设定

对于一些常用的用户设置，在经过多次使用后可能已经变得面目全非，如果一个一个地重新设置，无疑是非常麻烦的事。

此时，我们可以将常用设置保存起来，然后在需要的时候将其载入回来，从而快速地恢复相机常用设置。

⬇ 设定步骤

❶ 点击选择**设定**菜单中的**保存/载入设定**选项

❷ 点击选择**保存设定**或**载入设定**选项

 高手点拨： Nikon Z7保存的用户设置包括了各个菜单中的绝大部分功能设置。在保存时必须插入存储卡，且有足够的空间可以保存设置文件。同样，当载入用户设置时，也需要插入该存储卡，且文件不能够重命名或移至其他位置，否则将无法载入设置文件。

格式化存储卡

"格式化存储卡"功能用于删除存储卡中的全部数据。一般在新购买存储卡后，都要对其进行格式化。在格式化之前，务必根据需要进行备份，或确认卡中已不存在有用的数据，以免由于误删而造成难以挽回的损失。

⬇ 设定步骤

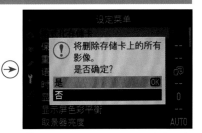

❶ 点击选择**设定**菜单中的**格式化存储卡**选项

❷ 点击选择**是**选项即可对选定的存储卡进行格式化

设置焦距变化拍摄

在拍摄静物商品时，如淘宝商品，一般需要画面内容是全部清晰的，但在拍摄时，即使缩小光圈，也不能保证画面的清晰度一样，此时，便可以使用全景深法拍摄，然后通过后期处理得到画面全部清晰的照片。

全景深即指画面的每一处都是清晰的，要想得到全景深照片，需要先拍摄多张针对不同位置对焦的照片，然后再利用后期软件进行合成。

Nikon Z7 相机提供了方便有用的新功能"焦距变化拍摄"，该功能可用于拍摄将使用全景深合成的一组照片。利用"焦距变化拍摄"菜单，用户可以事先设置好拍摄张数、焦距步长、到下一次拍摄的间隔等参数，从而让相机自动拍摄得到一组照片，省去了人工调整对焦点的操作。

该功能对微距、静物商业摄影非常有用，解决了对焦微调问题，不过不能机内将照片合成为一张 RAW 格式全景深照片，仍需后期在软件中进行合成。

设定步骤

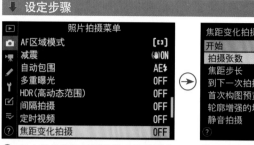

❶ 点击选择**照片拍摄**菜单中的**焦距变化拍摄**选项

❷ 点击选择**拍摄张数**选项

❸ 点击▲和▼图标可以在 1~300 张之间选择所需的拍摄张数，然后点击 OK确定 图标确认

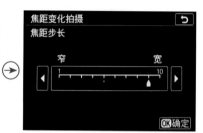

❹ 如果在步骤❷中选择了**焦距步长**选项，点击◀和▶图标选择每次拍摄中对焦距离改变的量，然后点击 OK确定 图标确认

❺ 如果在步骤❷中选择了**到下一次拍摄的间隔**选项，点击选择一个间隔时间，然后点击 OK确定 图标确认

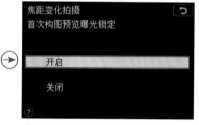

❻ 如果在步骤❷中选择了**首次构图预览曝光锁定**选项，点击选择**开启**或**关闭**选项

❼ 如果在步骤❷中选择了**轮廓增强的堆叠图像**选项，点击选所需的选项

❽ 如果在步骤❷中选择了**静音拍摄**选项，点击选择**开启**或**关闭**选项

❾ 如果在步骤❷中选择了**开启存储文件夹**选项，点击选择所需的选项，点击 选择 图标勾选，然后点击 OK确定 图标确认。所有设定完成后，返回步骤❷界面，点击选择**开始**选项即可拍摄

● 开始：选择此选项可以开始拍摄。相机将拍摄所选张数的照片，并在每次拍摄中以所量改变对焦距离。

● 拍摄张数：可以选择拍摄张数，最高可达到约300张，根据所拍摄的画面的复杂程度选择合适的拍摄张数即可。

● 焦距步长：选择每次拍摄中对焦距离改变的量。点击◄图标向窄端移动游标，可以缩小焦距步长，点击►图标向宽端移动游标，可以增加焦距步长。如果使用短焦距的镜头拍摄微距画面，可以选择较小的焦距步长并增加拍摄张数

● 到下一次拍摄的间隔：点击▲或▼图标选择拍摄间隔时间，时间可以在00~30秒之间选择。选择"00"可以以约5张／秒的速度拍摄照片。如果是使用闪光灯拍摄，则需要选择足够长的间隔时间以供闪光灯充电。

● 首次构图预览曝光锁定：若选择了"开启"选项，相机会将所有图像的曝光锁定为第一张照片时的设定。

● 轮廓增强的堆叠图像：若选择了"创建"选项，相机将应用对焦轮廓增强以创建黑白预览堆叠，可用于拍摄后确认对焦。

● 静音拍摄：选择"开启"可以在拍摄过程中使快门静音。

● 开启存储文件夹：选择"新建文件夹"选项，可以为每组照片新建立一个文件夹存储。选择"重设文件编号"选项，则可在新建一个文件夹时，文件编号重设为0001。

 高手点拨：曝光模式推荐使用A光圈优先和M全手动曝光模式，以确保在拍摄期间不会改变光圈值。如果要在拍摄完所有照片之前结束拍摄，可以在"焦距变化拍摄"菜单中选择"关闭"选项，或者半按快门释放按钮、在两次拍摄之间按下OK按钮。

▲ 利用"焦距变化拍摄"功能拍摄得到一组照片并进行后期全景深合成的效果

电子前帘快门

微单相机在拍摄照片时，快门帘幕的工作流程是：平时打开→关闭→打开→曝光中→关闭→打开（平时状态），而启用电子前帘快门功能后，快门帘幕只有一次动作：关闭→打开（恢复常态），简单地说就是用电子快门取代了机械帘幕（前帘）的动作，使得减少了拍摄时的时滞，以及消弱机械快门工作时因震动引起的画面模糊。

不过需要注意的是，当使用电子前帘快门拍摄时，最高快门速度仅可达到1/2000s，可用的ISO感光度最高为ISO25600。

设定步骤

❶ 进入**自定义设定**菜单，选择 d **拍摄/显示**中的 d5 **电子前帘快门**选项

❷ 点击选择**启用**或**禁用**选项

提示

开启电子前帘快门功能后，Nikon Z6 相机可用的 ISO 感光度最高为 ISO51200。

▲ 运动员在场上的精彩动作转瞬即逝，启用电子前帘快门拍摄，以减少快门时滞，从而抓拍到精彩瞬间『焦距：200mm │ 光圈：F6.3 │ 快门速度：1/640s │ 感光度：ISO320』

设置影像存储参数

设置存储文件夹

利用"存储文件夹"菜单可以选择存储今后所拍图像的文件夹，包含"重新命名""按编号选择文件夹"和"从列表中选择文件夹"三个选项。

● 重新命名：选择此选项，用户可以更改文件夹的名称。

● 按编号选择文件夹：选择此选项，则根据已有的文件夹编号来选择文件夹。如果所选文件夹为空，则显示为□图标；如果所选文件夹剩余一部分空间（即照片数量不到 5000 张，或照片名称的最大编号不超过 9999），则显示为▭图标；若此文件夹中照片数量包含 5000 张，或有一张照片编号为 9999，则显示为▬图标。

● 从列表中选择文件夹：选择此选项，将列出相机中已存在的文件夹列表，然后根据需要选择文件夹即可。

❶ 点击选择**照片拍摄**菜单中的**存储文件夹**选项

❷ 点击选择**按编号选择文件夹**选项

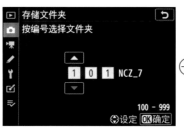

❸ 点击加亮显示一个数字框，然后点击▲和▼图标更改编号，最后点击 **OK确定**图标确认

❹ 如果在步骤❷中选择**从列表中选择文件夹**选项，可指定一个现有的文件夹保存图像

文件命名

在默认设置下，保存照片时所使用的文件名称由"DSC_"或"_DSC"后接 4 位数编号和扩展名组成，如 DSC_0001.jpg 或 _DSC0002.jpg。通过"文件命名"菜单，用户可以按照自己的习惯来替换名称中的"DSC"3 个字母。

设定步骤

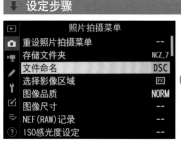

❶ 点击选择**照片拍摄**菜单中的**文件命名**选项

❷ 点击选择**文件命名**选项

❸ 点击选择所需的字母，然后点击 **OK输入**图标输入，输入完成后点击 **⊕确定**图标确定

设置影像区域

Nikon Z7 相机的有效像素为 4575 万，为了满足用户获得更具个性化的画面比例，除了 FX 格式外，还提供了 DX、5：4、1：1 以及 16：9 四种影像区域，即使在 DX 格式下，也可以获得约 1900 万的有效像素，这已经可以满足绝大部分日常拍摄及部分商业摄影的需求了。

● FX（36×24）：选择此选项，使用图像传感器的全区域以 FX 格式（36.0×24.0）记录图像，产生相当于 35mm 格式相机的镜头视角。

● DX（24×16）：选择此选项，使用位于图像传感器中央约 24.0mm×16.0mm 区域以 DX 格式记录照片。在使用全画幅镜头拍摄时，此格式记录的画面效果约等于镜头焦距 ×1.5 的拍摄效果，从而无须更换镜头即可获得远摄效果。

● 5：4（30×24）：以 5：4（30.0×24.0）的宽高比记录照片。

● 1：1（24×24）：以 1：1（24.0×24.0）的宽高比记录照片。当以方画幅表现画面时，可以选择此选项。

● 16：9（36×20）：以 16：9（36.0×20.0）的宽高比记录照片。使用此影像区域拍摄的画面，视觉上显得更为宽广。

❶ 点击选择**照片拍摄**菜单中的**选择影像区域**选项

❷ 点击选择所需的选项

提示

Nikon Z6 相机的有效像素约为 2450 万。另外，Z6 相机没有 5：4（30×24）影像区域选项

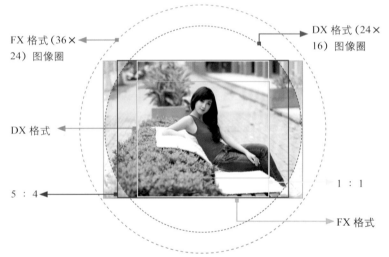

FX 格式（36×24）图像圈

DX 格式（24×16）图像圈

DX 格式

5：4

1：1

FX 格式

◀ 以 DX（24×16）影像区域拍摄野生动物的照片，可以获得更满的取景画面『焦距：300mm ┊ 光圈：F6.3 ┊ 快门速度：1/640s ┊ 感光度：ISO320』

根据用途及后期处理要求设置图像品质

在拍摄过程中，根据照片的用途及后期处理要求，可以通过"图像品质"菜单设置照片的保存格式与品质。如果是用于专业输出或希望为后期调整留出较大的空间，则应采用 RAW 格式；如果只是日常记录或是要求不太严格的拍摄，使用 JPEG 格式即可。

采用 JPEG 格式拍摄的优点是文件小、通用性高，适用于网络发布、家庭照片洗印等，而且可以使用多种软件对其进行编辑处理。虽然压缩率较高，损失了较多的细节，但肉眼基本看不出来，因此是一种最常用的文件存储格式。

RAW 格式则是一种数码相机文件格式，它充分记录了拍摄时的各种原始数据，因此具有极大的后期调整空间，但必须使用专用的软件进行处理，如 Photoshop、捕影工匠等，经过后期调整转换格式后才能够输出照片，因而在专业摄影领域常使用此格式进行拍摄。其缺点是文件容量特别大，尤其在连拍时会极大地降低连拍的数量。

就图像质量而言，虽然采用"精细""标准"和"基本"品质拍摄的结果，用肉眼不容易分辨出来，但画面的细节和精细程度还是有区别的，因此，除非万不得已（如存储卡空间不足等），应尽可能使用"精细"品质。

●NEF（RAW）+JPEG 精细（精细★）/标准（标准★）/基本（基本★）：选择此选项，将记录两张照片，即一张 NEF（RAW）图像和一张精细/标准/基本品质的 JPEG 图像。

●NEF（RAW）：选择此选项，则来自图像感应器的 12 位或 14 位原始数据被直接保存到存储卡上。

●TIFF（RGB）：选择此选项，以每通道 8 位的位深度（24 位色彩）记录未压缩的 TIFF（RGB）图像。TIFF 格式广泛适用于各种影像应用软件。

●JPEG 精细/JPEG 精细★：选择此选项，则以大约 1：4 的压缩率记录 JPEG 图像（精细图像品质）。

●JPEG 标准/JPEG 标准★：选择此选项，则以大约 1：8 的压缩率记录 JPEG 图像（标准图像品质）。

●JPEG 基本/JPEG 基本★：选择此选项，则以大约 1：16 的压缩率记录 JPEG 图像（基本图像品质）。

 高手点拨：JPEG格式中带★标志的选项可以优化品质。而不带★标志的选项可以确保所有照片具有大致相同的文件大小。

 高手点拨：如果Photoshop软件无法打开使用Nikon Z7相机拍摄并保存的后缀名为NEF的RAW格式文件，则需要升级Adobe CameraRaw插件。该插件会根据新发布的相机型号，及时地推出更新升级包，以确保能够打开使用各种相机拍摄的RAW格式文件。

设定步骤

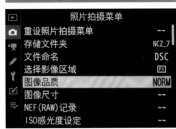

❶ 点击选择**照片拍摄**菜单中的**图像品质**选项

❷ 点击可选择文件存储的格式及品质

▶ 操作方法

按下 *i* 按钮显示常用设定菜单，使用多重选择器选择图像品质选项，然后转动主指令拨盘选择所需的图像品质选项。也可以通过点击屏幕的方式进行操作

Q：什么是 RAW 格式文件？

A：简单地说，RAW 格式文件就是一种数码照片文件格式，包含了数码相机传感器未处理的图像数据，相机不会处理来自传感器的色彩分离的原始数据，仅将这些数据保存在存储卡中。

这意味着相机将（所看到的）全部信息都保存在图像文件中。采用 RAW 格式拍摄时，数码相机仅保存 RAW 格式图像和 EXIF 信息（相机型号、所使用的镜头、焦距、光圈、快门速度等）。摄影师设定的相机预设值或参数值（例如对比度、饱和度、清晰度和色调等）都不会影响所记录的图像数据。

Q：使用RAW 格式拍摄的优点有哪些？

A：使用 RAW 格式拍摄有如下优点。

● 可将相机中的许多文件处理工作转移到计算机上进行，从而可进行更细致的处理，

Nikon Z7

包括白平衡、高光区、阴影区调节，以及清晰度、饱和度控制。对于非 RAW 格式文件而言，由于在相机内处理图像时，已经应用了白平衡设置，因此画质会有部分损失。

● 可以使用最原始的图像数据（直接来自传感器），而不是经过处理的信息，这毫无疑问将得到更好的画面效果。

● 采用 12 位或 14 位深度记录图像，这意味着照片将保存更多的颜色，使最后的照片达到更平滑的梯度和色调过渡。当采用 14 位深度记录图像时，可使用的数据更多。

● 可在电脑上以不同幅度增加或减少曝光值，从而在一定程度上纠正曝光不足或曝光过度。但需要注意的是，这无法从根本上改变照片欠曝或过曝的情况。

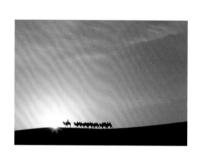

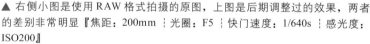

▲ 右侧小图是使用 RAW 格式拍摄的原图，上图是后期调整过的效果，两者的差别非常明显『焦距：200mm ┊光圈：F5 ┊快门速度：1/640s ┊感光度：ISO200』

根据用途及存储空间设置图像尺寸

　　图像尺寸直接影响着最终输出照片的大小，通常情况下，只要存储卡空间足够，那么就建议使用大尺寸，以便于在计算机上通过后期处理软件，以裁剪的方式对照片进行二次构图处理。

　　另外，如果照片是用于印刷、洗印等，也推荐使用大尺寸记录。如果只是用于网络发布、简单的记录或在存储卡空间不足时，则可以根据情况选择较小的尺寸。

图像区域	选项	尺寸（像素）
FX（36 × 24）	大	8256×5504
	中	6192×4128
	小	4128×2752
DX（24×16）	大	5408×3600
	中	4048×2696
	小	2704×1800
5：4（30×24）	大	6880×5504
	中	5152×4120
	小	3440×2752
1：1（24×24）	大	5504×5504
	中	4128×4128
	小	2752×2752
16：9（36×20）	大	8256×4640
	中	6192×3480
	小	4128×2320

此表以 Nikon Z7 相机为例

▲ 类似于这样到此一游或纪实类的照片，在实际应用中一般不会将其印刷为很大的尺寸，因此在拍摄时也没有必要把图像设置为很大的尺寸。另外，设置较小的尺寸可以节省存储卡空间

设定步骤

❶ 点击选择**照片拍摄**菜单中的**图像尺寸**选项

❷ 点击选择 JPEG/TIFF 或 NEF（RAW）选项

❸ 如果在步骤❷中选择了 JPEG/TIFF 选项，点击可选择 JPEG 或 TIFF 格式照片的尺寸

❹ 如果在步骤❷中选择了 NEF(RAW) 选项，点击可选择 NEF（RAW）格式照片的尺寸

设置 NEF（RAW）文件格式

众所周知，RAW 格式照片可以最大限度地记录相机的拍摄参数，比 JPEG 格式拥有更高的可调整宽容度，但其最大的缺点就是由于记录的信息很多，因此文件容量非常大。在 Nikon Z7 中，可以根据需要设置适当的压缩选项，以减小文件容量——当然，在存储卡空间足够的情况下，应尽可能地选择无损压缩的文件格式，从而为后期调整保留最大的空间。

此外，Nikon Z7 相机还可以对 RAW 格式照片的位深度进行选择，以满足更专业的摄影及输出需求。

NEF（RAW）压缩

该选项用于选择 RAW 图像的压缩类型。

↓ 设定步骤

❶ 点击选择**照片拍摄**菜单中的 NEF（RAW）**记录**选项

❷ 点击选择 NEF（RAW）**压缩**选项

❸ 点击选择**无损压缩、压缩**或**未压缩**选项

● 无损压缩：选择此选项，则使用可逆算法压缩 NEF 图像，可在不影响图像品质的情况下将文件压缩约 20%~40%。

● 压缩：选择此选项，则使用不可逆算法压缩 NEF 图像，可在几乎不影响图像品质的情况下将文件压缩约 35%~55%。

● 未压缩：选择此选项，则不压缩 NEF 文件。

NEF（RAW）位深度

该选项用于选择 RAW 图像的位深度。

↓ 设定步骤

❶ 选择**照片拍摄**菜单中的 NEF（RAW）**记录**选项

❷ 点击选择 NEF（RAW）**位深度**选项

❸ 点击可选择以 NEF 格式拍摄时的字节长度

● 12-bit 12 位：选择此选项，则以 12 位深度记录 NEF（RAW）图像。

● 14-bit 14 位：选择此选项，则以 14 位深度记录 NEF（RAW）图像，将产生更大容量文件且记录的色彩数据也将增加。

设置优化校准参数拍摄个性照片

简单来说，优化校准就是相机依据不同拍摄题材的特点而进行的一些色彩、锐度及对比度等方面的校正。例如，在拍摄风光题材时，可以选择色彩较为艳丽、锐度和对比度都较高的"风景"优化校准，也可以根据需要手动设置自定义的优化校准，以满足个性化的需求。

设定优化校准

"设定优化校准"菜单用于选择适合拍摄对象或拍摄场景的照片风格，包含"自动""标准""自然""鲜艳""单色""人像""风景""平面"和"创意优化校准"等选项。

↓ 设定步骤

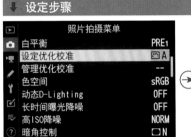

❶ 点击选择**照片拍摄**菜单中的**设定优化校准**选项

❷ 点击选择预设的优化校准选项，然后点击 C调整 图标进入调整界面

❸ 选择不同的参数并根据需要修改后，然后点击 OK确定 图标确定

❹ 若在步骤❷中选择了创意优化校准之一，点击 C调整 图标同样可以进入详细调整界面

❺ 选择不同的参数并根据需要修改后，然后点击 OK确定 图标确定

 高手点拨：在拍摄时，如果拍摄题材常有大的变化，建议使用"标准"风格，比如在拍摄人像题材后再拍摄风光题材时，这样就不会造成风光照片不够锐利的问题，属于比较中庸和保险的选择。

● A 自动：此风格根据标准风格自动调整色相和色调。与使用标准选项拍摄的照片相比，此风格拍摄的人像照片，肤色将看起来更柔和，而使用此风格拍摄的风光照片，则颜色看起来更鲜艳。

● SD 标准：此风格是最常用的照片风格，拍出的照片画面清晰，色彩鲜艳、明快。

● NL 自然：进行最低程度的处理以获得自然效果。需要在后期进行照片处理或润饰时选用。

● VI 鲜艳：进行增强处理以获得鲜艳的图像效果。在强调照片主要色彩时选用。

● MC 单色：使用该风格可拍摄黑白或单色的照片。

● PT 人像：使用该风格拍摄人像时，人像的皮肤会显得更加柔和、细腻。

● LS 风景：使用该风格拍摄风光时，画面中的蓝色和绿色有非常好的表现。

● FL 平面：此风格将获得更宽广的色调范围，如果在拍摄后需要对照片进行润饰处理，可以选择此选项。

● 01 - 20 Creative Picture Control (创意优化校准)：可以从梦幻、清晨、流行、星期天、低沉、戏剧、静寂、漂白、忧郁、纯净、牛仔布、玩具、棕褐色、蓝色、红色、粉色、木炭、石墨、双色及黑炭等 20 种优化校准中进行选择。每一种优化校准都是独一无二的组合，并且提供了效果级别、色相、饱和度等可以调整参数的选项。

● 效果级别：可以减弱或增强创意优化校准的效果。

● 快速锐化：可以批量调整锐化、中等锐化及清晰度的级别。若选择了 A 选项则由相机自动调整。除了可以批量调整外，也可以对锐化、中等锐化及清晰度进行单独调整。

● 锐化：控制图像细节和轮廓的锐度。向－端靠近则降低锐度，图像变得越来越模糊；向＋端靠近则提高锐度，图像变得越来越清晰。

● 中等锐化：根据图案和线条的精细度，在受锐化和清晰度影响的中间色调调整锐利度。向－端靠近则降低锐度，图像变得越来越模糊；向＋端靠近则提高锐度，图像变得越来越清晰。

● 清晰度：在不影响亮度或动态范围的情况下，调整画面的整体锐利度和较粗轮廓的锐利度。向－端靠近则降低清晰度，图像变得越来越柔和；向＋端靠近则提高清晰度，图像变得越来越清晰。

▲ 设置锐化前（+0）后（+2）的效果对比

● 对比度：控制图像的反差及色彩的鲜艳程度。选择 A 选项，则根据场景类型自动调整对比度；向－端靠近则降低反差，图像变得越来越柔和；向＋端靠近则提高反差，图像变得越来越明快。

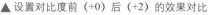

▲ 设置对比度前（+0）后（+2）的效果对比

●亮度：此参数可以在不影响照片曝光的前提下，改变画面的亮度。向－端靠近则降低亮度，画面变得来越暗；向＋端靠近则提高亮度，画面变得来越亮。

▲ 设置亮度前（+0）后（+1）的效果对比

●饱和度：控制色彩的鲜艳程度。选择 A 选项，则根据场景类型自动调整饱和度；向－端靠近则降低饱和度，色彩变得越来越淡；向＋端靠近则提高饱和度，色彩变得越来越艳。

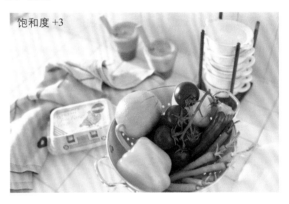

▲ 设置饱和度前（+0）后（+3）的效果对比

●色相：控制画面色调的偏向。向－端靠近则红色偏紫、蓝色偏绿、绿色偏黄；向＋端靠近则红色偏橙、绿色偏蓝、蓝色偏紫。

▲ 调整色相前（+0）后（-2）的效果对比，可以看出天空晚霞的红色与被染红的地面色彩更加好看

利用优化校准直接拍出单色照片

如果选用"单色"优化校准选项，还可以选择不同的滤镜及调色效果，从而拍摄出更有特色的黑白或单色照片。在"滤镜效果"选项下，可选择OFF（无）、Y（黄）、O（橙）、R（红）或G（绿）等色彩，从而在拍摄过程中，针对这些色彩进行过滤，得到更亮的灰色甚至白色。

↓ 设定步骤

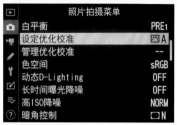

❶ 点击选择**照片拍摄**菜单中的**设定优化校准**选项

❷ 点击选择**单色**预设照片风格，然后点击 ⊙调整图标进入调整界面

❸ 点击选择所需选项，然后点击调整调节参数数值，完成后点击 OK确定图标确定

● OFF（无）：没有滤镜效果的原始黑白画面。

● Y（黄）：可使蓝天更自然，白云更清晰。

● O（橙）：可稍压暗蓝天，使夕阳的效果更强烈。

● R（红）：使蓝天更加暗，落叶的颜色更鲜亮。

● G（绿）：可将肤色和嘴唇的颜色表现得更好，使树叶的颜色更加鲜亮。

▲ 选择"标准"优化校准时拍摄的照片

▲ 选择"单色"优化校准时拍摄的照片

▲ 设置"滤镜效果"为"黄"时拍摄的照片

在"调色"选项下，可以选择无、褐、蓝、紫及绿等多种单色调效果。

▶ 原图及选择褐色、蓝色时得到的单色照片效果

随拍随赏——拍摄后查看照片

回放照片基本操作

在回放照片时，我们可以进行放大、缩小、显示信息、前翻、后翻以及删除照片等多种操作，下面就通过一个图示来说明回放照片的基本操作方法。

▶ 播放

血 删除

在播放照片时，按下▲方向键可以依次按下面的顺序显示照片信息，按下▼方向键则按相反的顺序显示。还可以按 DISP 按钮切换显示照片信息

e∎ 索引

⊕ 放大　　　多重选择器

❶ 对焦点

❷ 无（仅图像）

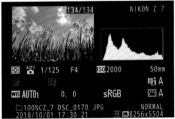

❸ 基本信息（含拍摄数据及亮度直方图）

❹ 拍摄数据

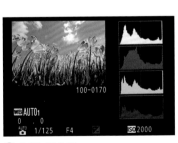

❺ RGB 直方图

❻ 加亮显示

❼ 曝光数据

Q：出现"无法回放图像"提示怎么办？

A：在相机中回放图像时，如果出现"无法回放图像"提示，可能有以下几个原因。

● 正在尝试回放的不是使用尼康相机拍摄的图像。

● 存储卡中的图像已导入计算机，并进行了旋转或编辑后再存回存储卡。

● 存储卡出现故障。

图像查看

在拍摄环境变化不大的情况下，我们只是在刚开始做一些简单的参数调试并拍摄样片时，需要反复地查看拍摄得到的照片是否满意，而一旦确认了曝光、对焦方式等参数后，则不必每次拍摄后都显示并查看照片，此时，就可以通过"图像查看"菜单来控制是否在每次拍摄后都查看照片。

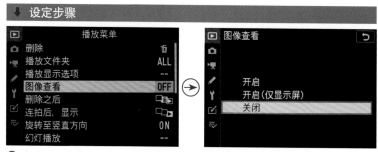

❶ 点击选择**播放**菜单中的**图像查看**选项

❷ 点击选择所需的选项

● 开启：选择此选项，照片在拍摄时会出现在显示屏或取景器中。

● 开启（仅显示屏）：选择此选项，仅当显示屏于用构图时，照片才会在拍摄后显示，拍摄时取景器中不会显示照片。

● 关闭：选择此选项，则照片只在按下播放按钮▶时才显示。

播放显示选项

在回放照片时，会显示一些相关的参数，以方便我们了解照片的具体信息，例如在默认情况下会显示亮度直方图以辅助判断照片的曝光是否准确。此外，还可以根据需要设置回放照片时是否显示对焦点、加亮显示以及RGB直方图等，这些信息对于判断照片是否在预定位置合焦、是否过曝至关重要。

❶ 点击选择**播放**菜单中的**播放显示**选项

❷ 点击加亮显示一个选项，然后点击❶选择图标勾选用于照片信息显示的选项，选择完成后点击OK确定图标确定

● 对焦点：选择此选项，则图像对焦点将以红色显示，这时如果发现对焦点不准可以重新拍摄。

● 曝光信息：选择此选项，在播放照片时可以查看照片的快门速度、光圈、感光度等曝光数据。

● 加亮显示：选择此选项，可以帮助摄影师发现所拍摄图像中曝光过度的区域，如果想要表现曝光过度区域的细节，就需要适当减少曝光量。

● RGB 直方图：选择此选项，在播放照片时可查看亮度与 RGB 直方图，从而更好地把握画面的曝光及色彩。

● 拍摄数据：选择此选项，则在播放照片时可显示主要拍摄数据。

● 概览：选择此选项，在播放照片时将能查看到这幅照片的详细拍摄数据。

● 无（仅影像）：选择此选项，则在播放照片时将隐藏其他内容，而仅显示当前的图像。

 高手点拨：选中"加亮显示"选项可以帮助摄影师了解画面中是否有曝光过度的区域。如上一页的图❻所示，相机会在显示屏上把曝光过度的区域标记为黑色，摄影师可以通过调整曝光参数缩小这样的区域，或彻底使其成为曝光正常的画面。

播放文件夹

在播放照片时，可以根据需要选择一个要播放的文件夹。

● NCZ_7：选择此选项，将播放使用 Nikon Z7 创建的所有文件夹中的照片。

● 全部：选择此选项，将播放所有文件夹中的照片。

● 当前：选择此选项，将播放当前文件夹中的照片。

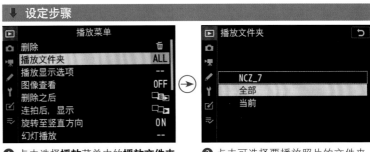

❶ 点击选择**播放**菜单中的**播放文件夹**选项

❷ 点击可选择要播放照片的文件夹

旋转画面至竖直方向

"旋转至竖直方向"菜单用于选择是否旋转"竖直"（人像方向）照片，以便在播放时更加方便查看。该菜单包含"开启"和"关闭"两个选项。选择"开启"选项后，在显示屏中显示照片时，竖拍照片将被自动旋转为竖直方向；选择"关闭"选项后，竖拍照片将以横向方向显示。

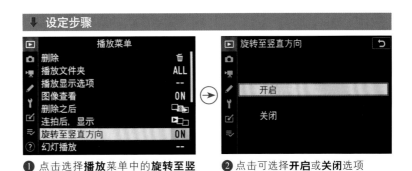

❶ 点击选择**播放**菜单中的**旋转至竖直方向**选项

❷ 点击可选择**开启**或**关闭**选项

▲ 关闭"旋转至竖直方向"功能时，竖拍照片的显示状态

▲ 开启"旋转至竖直方向"功能时，竖拍照片的显示状态

第3章

必须掌握的基本曝光与对焦设置

设置光圈控制曝光与景深

光圈的结构

光圈是相机镜头内部的一个组件，它由许多片金属薄片组成，金属薄片可以活动，通过改变它的开启程度可以控制进入镜头光线的多少。

光圈开启越大，通过镜头到达相机感光元件的光线就越多；光圈开启越小，通过镜头到达相机感光元件的光线就越少。

高手点拨：虽然光圈数值是在相机上设置的，但其可调整的范围却是由镜头决定的，即镜头支持的最大及最小光圈，就是在相机上可以设置的上限和下限。镜头支持的光圈越大，则在同一时间内就可以吸收更多的光线，从而允许我们在更弱光的环境中进行拍摄——当然，光圈越大的镜头，其价格也越贵。

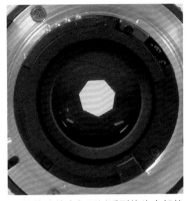

▲ 从镜头的底部可以看到镜头内部的光圈金属薄片

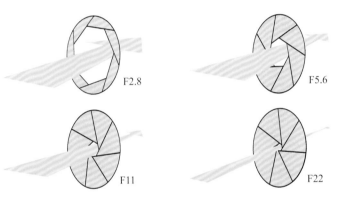

F2.8　　F5.6　　F11　　F22

▲ 光圈是控制通光量的装置，光圈越大（F2.8）通光越多，光圈越小（F22），通光越少

▲ 尼康 Z 24-70mm F4 S

▲ 尼康 Z 50mm F1.8 S

▲ 尼康 AF-S 28-300mm F3.5-5.6 G ED VR

■ 操作方法

按下模式拨盘锁定解除按钮并同时转动模式拨盘，使光圈优先模式或手动模式图标对准右侧白色标志线处。在光圈优先或手动模式下，转动副指令拨盘即可调节光圈值

在上面展示的 3 款镜头中，尼康 Z 50mm F1.8 S 是定焦镜头，其最大光圈为 F1.8；尼康 Z 24-70mm F4 S 为恒定光圈的变焦镜头，无论使用哪一个焦距段进行拍摄，其最大光圈都只能够分别达到 F4；尼康 AF-S 28-300mm F3.5-5.6 G ED VR 是浮动光圈的变焦镜头，当使用镜头的广角端（28mm）拍摄时，最大光圈可以达到 F3.5，而当使用镜头的长焦端（300mm）拍摄时，其最大光圈只能够达到 F5.6。

同样，上述 3 款镜头也均有最小光圈值，例如，尼康 Z 24-70mm F4 S 的最小光圈为 F22，尼康 AF-S 28-300mm F3.5-5.6 G ED VR 的最小光圈同样是一个浮动范围（F22~F38）。

光圈值的表现形式

光圈值用字母 F 或 f 表示，如 F8、f8（或 F/8、f/8）。常见的光圈值有 F1.4、F2、F2.8、F4、F5.6、F8、F11、F16、F22、F32、F36 等，光圈每递进一挡，光圈口径就不断缩小，通光量也逐挡减半。例如，F5.6 光圈的进光量是 F8 的两倍。

当前我们所见到的光圈数值还包括 F1.2、F2.2、F2.5、F6.3 等，这些数值不包含在光圈正级数之内，这是因为各镜头厂商都在每级光圈之间插入了 1/2 倍（F1.2、F1.8、F2.5、F3.5 等）和 1/3 倍（F1.1、F1.2、F1.6、F1.8、F2.2、F2.5、F3.2、F3.5、F4.5、F5.0、F6.3、F7.1 等）变化的副级数光圈，以更加精确地控制曝光程度，使画面的曝光更加准确。

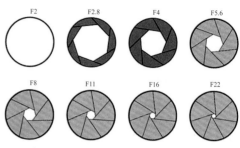

▲ 不同光圈值下镜头通光口径的变化

光圈级数刻度图

（上排为光圈正级数）

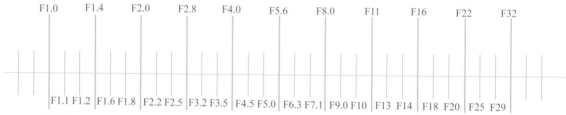

（下排为光圈副级数）

常见的光圈数值大多在上图所示的光圈正、副级数范围内。

光圈对成像质量的影响

通常情况下，摄影师都会选择比镜头最大光圈稍小一至两挡的中等光圈，因为大多数镜头在中等光圈下的成像质量是最优秀的，照片的色彩和层次都有更好的表现。例如，一只最大光圈为 F2.8 的镜头，其最佳成像质量光圈是 F5.6 至 F8 之间。另外，不能使用过小的光圈，因为过小的光圈会使光线在镜头中产生衍射效应，导致画面质量下降。

Q：什么是衍射效应?

A：衍射是指当光线穿过镜头光圈时，光在传播的过程中发生方向弯曲的现象，光线通过的孔隙越小，光的波长越长，这种现象就越明显。因此，拍摄时如果光圈收得越小，在被记录的光线中衍射光所占的比例就越大，画面的细节损失就越多，画面就越不清楚。衍射效应对 DX 画幅数码相机和全画幅数码相机的影响程度稍有不同，通常 DX 画幅数码相机在光圈收小到 F11 时，就会发现衍射对画质产生了影响；而 Nikon Z7 等全画幅数码相机在光圈收小到 F16 时，才能够看到衍射对画质的影响。

▲ 使用镜头最佳光圈拍摄时，所得到的照片画质最理想

光圈对曝光的影响

如前所述，在其他参数不变的情况下，光圈增大一挡，则曝光量提高一倍，例如光圈从 F4 增大至 F2.8，即可增加一倍的曝光量；反之，光圈减小一挡，则曝光量也随之降低一半。换言之，光圈开启越大，通光量就越多，所拍摄出来的照片也越明亮；光圈开启越小，通光量就越少，所拍摄出来的照片也越暗淡。

下面是一组在焦距为 105mm、快门速度为 1/125s、感光度为 ISO100 的特定参数下，只改变光圈值拍摄的照片。

▲ 光圈：F13

▲ 光圈：F11

▲ 光圈：F10

▲ 光圈：F7

▲ 光圈：F6.3

▲ 光圈：F5.6

▲ 光圈：F5

▲ 光圈：F4.5

▲ 光圈：F4

▲ 光圈：F3.5

▲ 光圈：F3.2

▲ 光圈：F2.8

通过这一组照片可以看出，在其他曝光参数不变的情况下，随着光圈逐渐变大，由于进入镜头的光线不断增多，因此所拍摄出来的画面也逐渐变亮。

理解景深

简单来说，景深即指对焦位置前后的清晰范围。清晰范围越大，即表示景深越大；反之，清晰范围越小，即表示景深越小，画面中的虚化效果就越好。

景深的大小与光圈、焦距及拍摄距离这3个要素密切相关。当拍摄者与被摄对象之间的距离非常近，或者使用长焦距或大光圈拍摄时，都能得到很强烈的背景虚化效果；反之，当拍摄者与被摄对象之间的距离较远，或者使用小光圈或较短焦距拍摄时，画面的虚化效果就会较差。

另外，被摄对象与背景之间的距离也是影响背景虚化的重要因素。例如，当被摄对象距离背景较近时，使用F1.4的大光圈也不能得到很好的背景虚化效果；但被摄对象距离背景较远时，即使使用F8的光圈，也能获得较强烈的虚化效果。

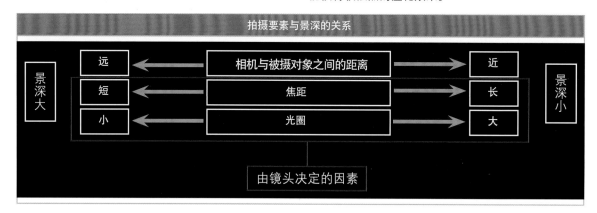

拍摄要素与景深的关系

景深大	远	← 相机与被摄对象之间的距离 →	近	景深小
	短	← 焦距 →	长	
	小	← 光圈 →	大	

由镜头决定的因素

Q：景深与对焦点的位置有什么关系？

A：景深是指照片中某个景物清晰的范围。即当摄影师将镜头对焦于景物中的某个点并拍摄后，在照片中与该点处于同一平面的景物都是清晰的，而位于该点前方和后方的景物则由于都没有对焦，因此都是模糊的。但由于人眼不能精确地辨别焦点前方和后方出现的轻微模糊，因此这部分图像看上去仍然是清晰的，这种清晰的景物会一直在照片中向前、向后延伸，直至景物看上去变得模糊而不可接受，而这个可接受的清晰范围，就是景深。

Q：什么是焦平面？

A：如前所述，当摄影师将镜头对焦于某个点拍摄时，在照片中与该点处于同一平面的景物都是清晰的，而位于该点前方和后方的景物则都是模糊的，这个平面就是成像焦平面。如果摄影师的相机位置不变，当被摄对象在可视区域内向焦平面水平运动时，成像始终是清晰的；但如果其向前或向后移动，则由于脱离了成像焦平面，因此会出现一定程度的模糊，模糊的程度与距焦平面的距离成正比。

Nikon Z7

▲ 对焦点在中间的财神爷玩偶上，但由于另外两个玩偶与其在同一个焦平面上，因此三个玩偶均是清晰的

▲ 对焦点仍然在中间的财神爷玩偶上，但由于另外两个玩偶与其不在同一个焦平面上，因此另外两个玩偶均是模糊的

光圈对景深的影响

　　光圈是控制景深（背景虚化程度）的重要因素。即在相机焦距不变的情况下，光圈越大，景深越小；反之，光圈越小，景深就越大。在拍摄时想通过控制景深来使自己的作品更有艺术效果，就要合理使用大光圈和小光圈。

　　在包括 Nikon Z7 在内的所有数码微单相机中，都有光圈优先曝光模式，配合上面的理论，通过调整光圈数值的大小，即可拍摄不同的对象或表现不同的主题。例如，大光圈主要用于人像摄影、微距摄影，通过虚化背景来突出主体；小光圈主要用于风景摄影、建筑摄影、纪实摄影等，以便使画面中的所有景物都能清晰呈现。

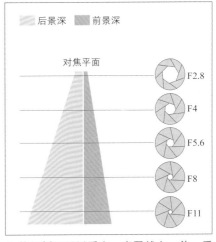

▲ 从示例图可以看出，光圈越大，前、后景深越小；光圈越小，前、后景深越大，其中，后景深又是前景深的两倍

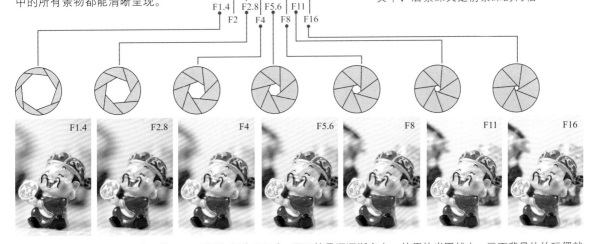

▲ 从示例图可以看出，当光圈从 F1.4 逐渐缩小到 F16 时，画面的景深逐渐变大，使用的光圈越小，画面背景处的玩偶就越清晰

焦距对景深的影响

　　在其他条件不变的情况下，拍摄时所使用的焦距越长，则画面的景深越小，即可以得到更强烈的虚化效果；反之，焦距越短，则画面的景深越大，越容易呈现前后都清晰的画面效果。

高手点拨：对于定焦镜头来说，我们只能通过前后的移动来改变相对的"焦距"，即画面的取景范围，拍摄者越靠近被摄对象，就相当于使用了更长的焦距，此时同样可以得到更小的景深。

▲ 通过使用从广角到长焦的焦距拍摄的花卉对比可以看出，焦距越长，则主体越清晰，画面的景深越小

拍摄距离对景深的影响

在其他条件不变的情况下，拍摄者与被摄对象之间的距离越近，则越容易得到浅景深的虚化效果；反之，如果拍摄者与被摄对象之间的距离较远，则不容易得到虚化效果。

这点在使用微距镜头拍摄时体现得更为明显，当离被摄体很近的时候，画面中的清晰范围就变得非常小。因此，在人像摄影中，为了获得较小的景深，经常采取靠近被摄者拍摄的方法。

下面为一组在所有拍摄参数都不变的情况下，只改变镜头与被摄对象之间距离时拍摄得到的照片。

通过左侧展示的一组照片可以看出，当镜头距离前景位置的玩偶越远时，其背景的模糊效果就越差。

背景与被摄对象的距离对景深的影响

在其他条件不变的情况下，画面中的背景与被摄对象的距离越远，则越容易得到浅景深的虚化效果；反之，如果画面中的背景与被摄对象位于同一个焦平面上，或者非常靠近，则不容易得到虚化效果。

左图所示为在所有拍摄参数都不变的情况下，只改变被摄对象距离背景的远近拍出的照片。

通过左侧展示的一组照片可以看出，在镜头位置不变的情况下，随着玩偶距离背景越来越近，则其背景的虚化程度也越来越低。

设置快门速度控制曝光时间

快门与快门速度的含义

简单来说,快门的作用就是控制曝光时间的长短。在按下快门按钮时,从快门前帘开始移动到后帘结束所用的时间就是快门速度,这段时间实际上也就是相机感光元件的曝光时间。

所以快门速度决定曝光时间的长短,快门速度越快,曝光时间就越短,曝光量也越小;快门速度越慢,曝光时间就越长,曝光量也越大。

快门速度的表示方法

快门速度以秒为单位,入门级及中端数码微单相机的快门速度通常在 1/4000s 至 30s 之间,而专业或准专业相机的最高快门速度则达到了 1/8000s,可以满足更多题材和场景的拍摄要求。Nikon Z7 作为专业全画幅微单相机,最高的快门速度达到了 1/8000s。

常用的快门速度有 30s、15s、8s、4s、2s、1s、1/2s、1/4s、1/8s、1/15s、1/30s、1/60s、1/125s、1/250s、1/500s、1/1000s、1/2000s、1/4000s 等。

快门速度对曝光的影响

如前面所述,快门速度的快慢决定了曝光量的多少,在其他条件不变的情况下,每一倍的快门速度变化,即代表了一倍曝光量的变化。例如,当快门速度由 1/125s 变为 1/60s 时,由于快门速度慢了一倍,曝光时间增加了一倍,因此总的曝光量也随之增加了一倍。从下面展示的一组照片中可以发现,在光圈与 ISO 感光度数值不变的情况下,快门速度越慢,则曝光时间越长,画面感光就越充分,所以画面也越亮。

下面是一组在焦距为 105mm、光圈为 F5、感光度为 ISO100 的特定参数下,只改变快门速度拍摄的照片。

▶ 操作方法

按下模式拨盘锁定解除按钮并同时转动模式拨盘,使快门优先模式或手动模式图标对准右侧白色标志线处。在快门优先或手动模式下,转动主指令拨盘即可调节快门速度值

▲ 快门速度:0.4s

▲ 快门速度:0.8s

▲ 快门速度:1.3s

▲ 快门速度:2s

影响快门速度的三大要素

影响快门速度的要素包括光圈、感光度及曝光补偿，它们对快门速度的影响如下。

● 感光度：感光度每增加一倍（例如从 ISO100 增加到 ISO200），感光元件对光线的敏锐度会随之增加一倍，同时，快门速度会随之提高一倍。

● 光圈：光圈每提高一挡（如从 F4 增加到 F2.8），快门速度可以提高一倍。

● 曝光补偿：曝光补偿数值每增加 1 挡，由于需要更长时间的曝光来提亮照片，因此快门速度将降低一半；反之，曝光补偿数值每降低 1 挡，由于照片不需要更多的曝光，因此快门速度可以提高一倍。

快门速度对画面效果的影响

快门速度不仅影响进光量，还会影响画面的动感效果。表现静止的景物时，快门的快慢对画面不会有什么影响，除非摄影师在拍摄时有意摆动镜头，但在表现动态的景物时，不同的快门速度就能够营造出不一样的画面效果。

右侧照片是在焦距、感光度都不变的情况下，分别将快门速度依次调慢所拍摄的。

对比这一组照片，可以看到当快门速度较快时，水流被定格成相对清晰的影像，但当快门速度逐渐降低时，流动的水流在画面中渐渐变为模糊的效果。

由上述可见，如果希望在画面中凝固运动对象的精彩瞬间，应该使用高速快门。拍摄对象的运动速度越高，采用的快门速度也要越快，以在画面中凝固运动对象的动作，形成一种时间静止效果。

如果希望在画面中表现运动对象的动态模糊效果，可以使用低速快门，以使其在画面中形成动态模糊效果，较好地表现出动态效果，按此方法拍摄流水、夜间的车灯轨迹、风中摇摆的植物、流动的人群，均能够得到画面效果流畅、生动的照片。

▲ 光圈：F2.8 快门速度：1/80s 感光度：ISO50

▲ 光圈：F9 快门速度：1/8s 感光度：ISO50

▲ 光圈：F14 快门速度：1/3s 感光度：ISO50

▲ 光圈：F20 快门速度：0.8s 感光度：ISO50

▲ 光圈：F22 快门速度：1s 感光度：ISO50

▲ 光圈：F25 快门速度：1.3s 感光度：ISO50

依据被摄对象的运动情况设置快门速度

在设置快门速度时，应综合考虑被摄对象的速度、被摄对象的运动方向，以及摄影师与被摄对象之间的距离这 3 个基本要素。

被摄对象的速度

根据不同的照片表现形式，拍摄时所需要的快门速度也不尽相同，比如抓拍物体运动的瞬间，需要较高的快门速度；而如果是跟踪拍摄，对快门速度的要求就比较低了。

▲ 嬉戏玩耍中猫咪的速度很快，因此需要较高的快门速度才能将其清晰地定格在画面中『焦距：80mm ┊ 光圈：F3.5 ┊ 快门速度：1/500s ┊ 感光度：ISO200』

▲ 正在眺望的猫咪动静很小，因此无须太高的快门速度『焦距：135mm ┊ 光圈：F5.6 ┊ 快门速度：1/200s ┊ 感光度：ISO400』

被摄对象的运动方向

如果从运动对象的正面（通常是角度较小的斜侧面）拍摄，记录的主要是对象从小变大或相反的运动过程，其速度通常要低于从侧面拍摄；而从侧面拍摄才会感受到运动对象真正的速度，拍摄时需要的快门速度也就更高。

▲ 从侧面拍摄运动对象以表现其速度时，除了使用"陷阱对焦"方法外，通常都需要采用跟踪拍摄法进行拍摄『焦距：45mm ┊ 光圈：F5.6 ┊ 快门速度：1/640s ┊ 感光度：ISO100』

◀ 从正面或斜侧面拍摄运动对象时，速度感不强『焦距：45mm ┊ 光圈：F5.6 ┊ 快门速度：1/320s ┊ 感光度：ISO100』

与被摄对象之间的距离

无论是亲身靠近运动对象或是使用长焦镜头，离运动对象越近，其运动速度就相对越快，此时需要不停地移动相机。略有不同的是，如果是靠近运动对象，需要较大幅度地移动相机；若使用长焦镜头，则小幅度移动相机就可保证被摄对象一直处于画面之中。

从另一个角度来说，如果将视角变得更广阔一些，就不用为了将被摄对象融入画面中而费力地紧跟被摄对象了，比如使用广角镜头拍摄时，就更容易抓拍到被摄对象运动的瞬间。

▲ 广角镜头抓拍到的现场整体气氛『焦距：35mm │光圈：F5.6 │快门速度：1/640s │感光度：ISO800』

▲ 长焦镜头注重表现单个主体，更适合突出人物精彩生动的瞬间『焦距：200mm │光圈：F4 │快门速度：1/1250s │感光度：ISO1000』

常见拍摄对象的快门速度参考值

以下是一些常见拍摄对象所需快门速度参考值，虽然在使用时并非一定要用快门优先曝光模式，但对各类拍摄对象常用的快门速度会有一个比较全面的了解。

快门速度（s）	适用范围
B门	适合拍摄夜景、闪电、车流等。其优点是用户可以自行控制曝光时间，缺点是如果不知道当前场景需要多长时间才能正常曝光时，容易出现曝光过度或不足的情况，此时需要用户多做尝试，直至得到满意的效果
1~30	在拍摄夕阳、日落后以及天空仅有少量微光的日出前后时，都可以使用光圈优先曝光模式或手动曝光模式进行拍摄，很多优秀的夕阳作品都诞生于这个曝光区间。使用1~5s之间的快门速度，也能够将瀑布或溪流拍摄出如同棉絮一般的梦幻效果
1~1/2	适合在昏暗的光线下，使用较小的光圈获得足够的景深，通常用于拍摄稳定的对象，如建筑、城市夜景等
1/15~1/4	1/4s的快门速度可以作为拍摄成人夜景人像时的最低快门速度。该快门速度区间也适合拍摄一些光线较强的夜景，如明亮的步行街和光线较好的室内
1/30	在使用标准镜头或广角镜头拍摄时，该快门速度可以视为最慢的快门速度，但在使用标准镜头时，对手持相机的平稳性有较高的要求
1/60	对于标准镜头而言，该快门速度可以保证进行各种场合的拍摄
1/125	这一挡快门速度非常适合在户外阳光明媚时使用，同时也能够拍摄运动幅度较小的物体，如走动中的人
1/250	适合拍摄中等运动速度的拍摄对象，如游泳运动员、跑步中的人或棒球活动等
1/500	该快门速度已经可以抓拍一些运动速度较快的对象，如行驶的汽车、跑动中的运动员、奔跑中的马等
1/1000~1/8000	该快门速度区间已经可以用于拍摄一些极速运动的对象，如赛车、飞机、足球运动员、飞鸟及瀑布飞溅出的水花等

安全快门速度

简单来说，安全快门是人在手持拍摄时能保证画面清晰的最低快门速度。这个快门速度与镜头的焦距有很大关系，即手持相机拍摄时，快门速度应不低于焦距的倒数。

比如当前焦距为 200mm，拍摄时的快门速度应不低于 1/200s。这是因为人在手持相机拍摄时，即使被摄对象待在原地纹丝未动，也会因为拍摄者本身的抖动而导致画面模糊。

▼ 虽然是拍摄静态的玩偶，但由于光线较弱，致使快门速度低于了焦距的倒数，所以拍摄出来的玩偶是比较模糊的

▲ 拍摄时使用大光圈并适当提高 ISO 感光度值，因此能够使用更高的快门速度，从而确保拍摄出来的照片很清晰『焦距：105mm ┊ 光圈：F2.8 ┊ 快门速度：1/400s ┊ 感光度：ISO400』

如果只是查看缩略图，几乎没有什么区别，但放大后查看可以发现，当快门速度到达安全快门速度时，即可将玩偶拍得非常清晰。

防抖技术对快门速度的影响

尼康的防抖系统缩写为 VR，Nikon Z7 是尼康首款内置了 VR 减震装置的相机，在拍摄时对水平、垂直以及旋转五个轴方向的振动有效地补偿，可以在拍摄照片或视频期间有效地减少相机振动，减震效果相当于快门速度提高了约 5 挡，从而拍出清晰的画面。该功能还可通过卡口适配器与兼容的尼克尔 F 卡口镜头一起使用以提升效果。

内置减震功能通过"减震"菜单开启，在菜单中用户可以选择"Normal"和"Sport"两种减震模式，其中"Normal"模式适用于在拍摄静止拍摄对象时的减震；而"Sport"模式适用于拍摄运动员和其他正在进行快速且不可预测运动的拍摄对象时的减震。

但要注意的是，防抖系统只是一种校正功能，在使用时还要注意以下几点。

● 防抖系统成功校正抖动是有一定概率的，这与个人的手持能力有很大关系，通常情况下，使用低于安全快门 2 倍以内的快门速度拍摄时，成功校正的概率会比较高。

● 当快门速度高于安全快门速度 1 倍以上时，建议关闭防抖系统，否则防抖系统的校正功能可能会影响原本清晰的画面，导致画质下降。

● 在使用三脚架保持相机稳定时，建议关闭防抖系统。因为在使用三脚架时，不存在手抖的问题，而开启了防抖功能后，其微小的震动反而会造成图像质量下降。

Q：VR 功能是否能够代替较高的快门速度？

A：虽然在弱光条件下拍摄时，开启 VR 减震功能允许摄影师使用更低的快门速度，但实际上 VR 功能并不能代替较高的快门速度。要想获得高清晰度的照片，仍然需要用较高的快门速度来捕捉瞬间的动作。不管 VR 的功能多么强大，使用较高的快门速度才能够清晰地捕捉到快速移动的被摄对象，这一条是不会改变的。

Nikon Z7

↓ 设定步骤

● 在**照片拍摄**菜单中点击选择**减震**选项

❷ 点击可选择不同的选项

▲ 有 VR 防抖功能标志的尼康镜头

◀ 室内拍摄宠物时，开启防抖功能可以减少画面模糊的概率『焦距：35mm ┆ 光圈：F4 ┆ 快门速度：1/400s ┆ 感光度：ISO400』

防抖技术的应用

虽然防抖技术会对图片的画质产生一定的负面影响，但是在光线较弱时，为了得到清晰的画面，它又是必不可少的。例如，在拍摄动物时常常会使用 400mm 的长焦镜头，这就要求相机的快门速度必须保持在 1/400s 的安全快门速度以上，光线略有不足就很容易把照片拍虚，这时使用防抖功能几乎就成了唯一的选择。

▲ 猴子觅食时的动作幅度较大且快，在这种情况下使用长焦镜头拍摄，即使使用高于安全快门速度的快门速度也有可能出现画面模糊的情况，因此使用了具有防抖功能的镜头，即使放大查看，猴子的毛发依然很清晰『焦距：400mm ┊ 光圈：F5.6 ┊ 快门速度：1/500s ┊ 感光度：ISO250』

长时间曝光降噪

曝光时间越长，则产生的噪点就越多，此时，可以启用"长时间曝光降噪"功能来消减画面中产生的噪点。

"长时间曝光降噪"菜单用于对快门速度低于 1 秒（或者说总曝光时间长于 1 秒）时所拍摄的照片进行减少噪点处理。处理所需时间长度约等于当前曝光的时长。

需要注意的是，在处理过程中，屏幕中将显示"执行降噪"，控制面板中则闪烁着"Job NR"字样且无法拍摄照片。若处理完毕前关闭相机，则照片会被保存，但相机不会对其进行降噪处理。

❶ 在**照片拍摄**菜单中点击选择**长时间曝光降噪**选项

❷ 点击可选择**开启**或**关闭**选项

 高手点拨：一般情况下，建议将其设置为"开启"，但是在某些特殊条件下，比如在恶劣的天气拍摄时，电池的电量会消耗得很快，为了保持电池的电量，建议关闭该功能，因为相机的降噪过程和拍摄过程需要大致相同的时间。

设置感光度控制照片品质

理解感光度

　　数码相机的感光度概念是从传统胶片感光度引入的，用于表示感光元件对光线的感光敏锐程度，即在相同条件下，感光度越高，获得光线的数量也就越多。但要注意的是，感光度越高，产生的噪点就越多，而低感光度画面则清晰、细腻，细节表现较好。

　　Nikon Z7 作为全画幅数码微单相机，在感光度的控制方面非常优秀。其常用感光度范围为 ISO64~ISO25600，并可以向下扩展至Lo0.3~Lo1（相当于 ISO50~ISO32），向上扩展至 Hi 0.3 和 Hi 2（相当于ISO32000~ISO102400）。在光线充足的情况下，一般使用 ISO64 拍摄即可。

> **提示**
>
> 　　Nikon Z6 相机的常用感光度范围为 ISO100~ISO51200，并可以向下扩展至 Lo0.3~Lo1（相当于 ISO80~ISO50），向上扩展至 Hi 0.3 和 Hi 2（相当于 ISO64000~ISO204800）。

▶ 操作方法

按下 ISO 按钮并转动主指令拨盘，即可调节 ISO 感光度的数值。也可以直接点击屏幕中红框所在的ISO 图标来设定数值

ISO 感光度设定

　　Nikon Z7 提供了很多感光度控制选项，可以在 "照片拍摄" 菜单的 "ISO 感光度设定" 中设置 ISO 感光度的数值以及自动 ISO 感光度控制参数。

设置 ISO 感光度的数值

　　当需要改变 ISO 感光度的数值时，可以在 "照片拍摄" 菜单的 "ISO 感觉光度设定" 中进行设置。当然，通常都在控制面板上完成 ISO 感光度的设置，这样操作起来更方便，同时也更省电。

⬇ 设定步骤

❶ 在**照片拍摄**菜单中点击选择 ISO **感光度设定**选项

❷ 选择 ISO **感光度**选项

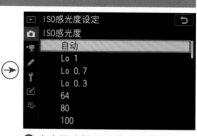

❸ 点击可选择不同的感光度数值

自动 ISO 感光度控制

当对感光度的设置要求不高时，可以将 ISO 感光度指定为由相机自动控制，即当相机检测到依据当前的光圈与快门速度组合无法满足曝光需求或可能会曝光过度时，就会自动选择一个合适的 ISO 感光度数值，以满足正确曝光的需求。

 高手点拨：自动感光度控制适合在环境光线变化幅度较大的场合使用，例如演唱会、婚礼现场，在这些场合拍摄时，相机可以快速通过提高或降低感光度，从而拍出曝光合适的照片。

↓ 设定步骤

❶ 在**照片拍摄**菜单中点击选择 ISO **感光度设定**选项

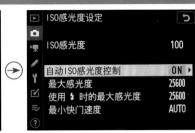

❷ 点击选择**自动 ISO 感光度控制**选项

❸ 点击可选择**开启**或**关闭**选项

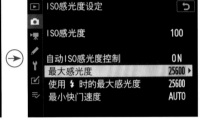

❹ 开启此功能后，可以对"最大感光度""使用♭时的最大感光度"和"最小快门速度"进行设定

在"自动 ISO 感光度控制"中选择"开启"时，可以对"最大感光度""使用♭时的最大感光度"和"最小快门速度" 3 个选项进行设定。

● 最大感光度：选择此选项，可设置自动感光度的最大值。Nikon Z7 相机可以在 ISO100~ISO102400 中选择。Nikon Z6 相机可以在 ISO200~ISO204800 中选择。

● 使用♭时的最大感光度：选择此选项，可设置当使用闪光灯拍摄时，自动感光度的最大值。用户可以选择一个感光度数值，也可以选择"与不使用闪光灯时相同"选项。

● 最小快门速度：选择此选项，当开启"自动 ISO 感光度控制"功能时，可以指定一个快门速度的最低数值，即当快门速度低于此数值时，才由相机自动提高感光度数值。

↓ 设定步骤

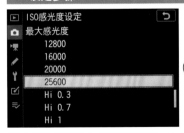

❶ 如果选择了**最大感光度**选项时，点击可选择最大感光度数值

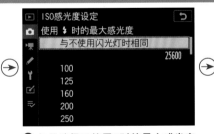

❷ 如果选择了**使用♭时的最大感光度**选项时，点击可选择闪光拍摄时最大感光度数值

❸ 如果选择了**最小快门速度**选项时，点击可选择最小快门速度数值

高手点拨：如果是日常拍摄，那么"自动ISO感光度控制"功能还是很实用的；反之，如果希望拍出高质量的照片，则建议关闭此功能，而改为手工控制感光度。

ISO 数值与画质的关系

对于 Nikon Z7 而言，使用 ISO1600 以下的感光度拍摄时，均能获得优秀的画质；使用 ISO1600~ISO3200 之间的感光度拍摄时，其画质比低感光度时有相对明显的降低，但是依旧可以用良好来形容。

如果从实用角度来看，使用 ISO1600 和 ISO3200 拍摄的照片细节完整、色彩生动，如果不是 100% 查看，和使用较低感光度拍摄的照片并无明显差异。但是对于一些对画质要求较为苛求的用户来说，ISO1600 是 Nikon Z7 能保证较好画质的最高感光度。使用高于 ISO1600 的感光度拍摄时，虽然整个照片依旧没有过多杂色，但是照片细节上的缺失通过大屏幕显示器观看时就能感觉到，所以除非处于极端环境中，否则不推荐使用。

下面是一组在焦距为 105mm、光圈为 F2.8 的特定参数下，改变感光度拍摄的照片。

▲ 感光度：ISO100 快门速度：1/40s

▲ 感光度：ISO320 快门速度：1/160s

▲ 感光度：ISO500 快门速度：1/200s

▲ 感光度：ISO800 快门速度：1/320s

▲ 感光度：ISO1000 快门速度：1/500s

▲ 感光度：ISO1600 快门速度：1/800s

通过对比上面展示的照片及参数可以看出，在光圈优先模式下，随着感光度的升高，快门速度越来越快，虽然照片的曝光量没有变化，但画面中的噪点却逐渐增多。

Nikon Z7

Q：为什么全画幅相机能更好地控制噪点？

A：数码微单相机产生噪点的原因非常复杂，但感光元件是其中最重要也是最直接的影响因素，即感光元件中的感光单元之间的距离越近，则电流之间的相互干扰就越严重，进而导致噪点的产生。

感光单元之间的距离可以理解为像素密度，即单位感光元件上的像素量。Nikon Z7 作为全画幅数码微单相机，与 DX 画幅相机相比，由于感光元件更大，因此在像素量相同的情况下，像素密度更低，产生的噪点也就更少。

感光度对曝光结果的影响

作为控制曝光的三大要素之一，在其他条件不变的情况下，感光度每增加一挡，感光元件对光线的敏锐度会随之提高一倍，即增加一倍的曝光量；反之，感光度每减少一挡，即减少一挡的曝光量。

更直观地说，感光度的变化直接影响光圈或快门速度的设置，以 F5.6、1/200s、ISO400 的曝光组合为例，在保证被摄体正确曝光的前提下，如果要改变快门速度并使光圈数值保持不变，可以通过提高或降低

感光度来实现，快门速度提高一倍（变为 1/400s），则可以将感光度提高一倍（变为 ISO800）。

如果要改变光圈值而保证快门速度不变，同样可以通过设置感光度数值来实现，例如要增加两挡光圈（变为 F2.8），则可以将 ISO 感光度数值降低为四分之一（变为 ISO100）。

下面是一组在焦距为 18mm、光圈为 F5、快门速度为 30s 的特定参数下，只改变感光度拍摄的照片。

▲ 感光度：ISO100

▲ 感光度：ISO200

▲ 感光度：ISO400

▲ 感光度：ISO800

▲ 感光度：ISO1250

这一组照片是在 M 挡手动曝光模式下拍摄的，在光圈、快门速度不变的情况下，随着 ISO 数值的增大，由于感光元件的感光敏感度越来越高，使画面变得越来越亮。

感光度的设置原则

感光度除了对曝光会产生影响外，对画质也有着极大的影响，即感光度越低，画面就越细腻；反之，感光度越高，就越容易产生噪点、杂色，画质就越差。

在条件允许的情况下，建议采用 Nikon Z7 基础感光度中的最低值，即 ISO64，这样可以在最大程度上保证得到较高的画质。

需要特别指出的是，使用相同的 ISO 感光度分别在光线充足与不足的环境中拍摄时，在光线不足环境中拍摄的照片会产生较多的噪点，如果此时再使用较长的曝光时间，那么就更容易产生噪点。因此，在弱

光环境中拍摄时，更需要设置低感光度，并配合"高ISO 降噪"和"长时间曝光降噪"功能来获得较高的画质。

当然，低感光度的设置可能会导致快门速度很低，在手持拍摄时很容易由于手的抖动而导致画面模糊。此时，应该果断地提高感光度，即优先保证能够成功完成拍摄，然后再考虑高感光度给画质带来的损失。因为画质损失可通过后期处理来弥补，而画面模糊则意味着拍摄失败，是无法补救的。

消除高 ISO 产生的噪点

感光度越高，则照片产生的噪点也就越多，此时可以启用"高 ISO 降噪"功能来减弱画面中的噪点，但要注意的是，这样会失去一些画面的细节。

在"高 ISO 降噪"菜单中包含"高""标准""低"和"关闭"4个选项。选择"高""标准""低"时，可以在任何时候执行降噪（不规则间距明亮像素、条纹或雾像），尤其针对使用高 ISO 感光度拍摄的照片更有效；选择"关闭"时，则仅在需要时执行降噪，所执行的降噪量要少于将该选项设为"低"时所执行的量。

❶ 在**照片拍摄**菜单中点击选择**高 ISO 降噪**选项

❷ 点击可选择不同的降噪标准

高手点拨：对于喜欢采用RAW格式存储照片或者连拍的用户，建议关闭该功能，尤其是将降噪标准设为"高"时，将大大影响相机的连拍速度；对于喜欢直接使用相机打印照片或者采用JPEG格式存储照片的用户，建议选择"标准"或"低"；如果使用了很高的感光度，且画面噪点明显，可以选择"高"。

▶ 利用 ISO1600 高感光度拍摄并进行高 ISO 降噪后得到的照片效果『焦距：35mm ┊ 光圈：F5 ┊ 快门速度：1/40s ┊ 感光度：ISO1600』

▶ 右图是未开启"高 ISO 降噪"功能放大后的画面局部，左图是启用了"高 ISO 降噪"功能放大后的画面局部，画面中的杂色及噪点都明显减少，但同时也损失了一些细节

影响曝光的 4 个因素之间的关系

影响曝光的因素有 4 个：①照明的亮度（Light Value），简称 LV，由于大部分照片以阳光为光源拍摄，因而我们无法控制阳光的亮度；②感光度，即 ISO 值，ISO 值越高，所需的曝光量越少；③光圈，较大的光圈能让更多光线通过；④曝光时间，也就是所谓的快门速度。

影响曝光的这 4 个因素是一个互相牵引的四角关系，改变任何一个因素，均会对另外 3 个造成影响。例如最直接的对应关系是"亮度 VS 感光度"，当在较暗的环境中（亮度较低）拍摄时，就要使用较高的感光度值，以增加相机感光元件对光线的敏感度，来得到曝光正常的画面。

另一个直接的相互影响是"光圈 VS 快门"，当用大光圈拍摄时，进入相机镜头的光量变多，因而快门速度便要提高，以避免照片过曝；反之，当缩小光圈时，进入相机镜头的光量变少，快门速度就要相应地变低，以避免照片欠曝。

下面进一步解释这四者的关系。

当光线较为明亮时，相机感光充分，因而可以使用较低的感光度、较高的快门速度或小光圈拍摄；

当使用高感光度拍摄时，相机对光线的敏感度增加，因此也可以使用较高的快门速度、较小光圈拍摄；

当降低快门速度作长时间曝光时，则可以通过缩小光圈、较低的感光度，或者加中灰镜来得到正确的曝光。

当然，在现场光环境中拍摄时，画面的明暗亮度很难做出改变，虽然可以用中灰镜降低亮度，或提高感光度来增加亮度，但是会带来一定的画质影响。

因此，摄影师通常会先考虑调整光圈和快门速度，当调整光圈和快门速度都无法得到满意的效果时，才会调整感光度数值，最后才会考虑安装中灰镜或增加灯光给画面补光。

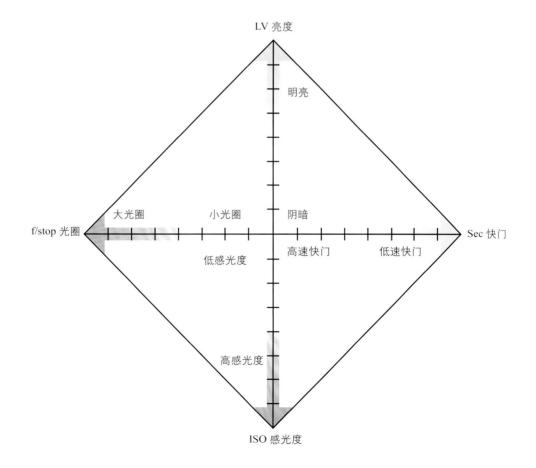

设置白平衡控制画面色彩

理解白平衡存在的重要性

无论是在室外的阳光下，还是在室内的白炽灯光下，人眼都将白色视为白色，将红色视为红色。我们产生这种感觉是因为人的肉眼能够修正光源变化造成的着色差异。实际上，当光源改变时，作为这些光源的反射而被捕获的颜色也会发生变化，相机会精确地将这些变化记录在照片中，这样的照片在纠正之前看上去是偏色的。

数码相机具有的"白平衡"功能，可以纠正不同光源下色彩的变化，就像人眼的功能一样，使偏色的照片得到纠正。

值得一提的是，在实际应用时，我们也可以尝试使用"错误"的白平衡设置，从而获得特殊的画面色彩。例如，在拍摄夕阳时，如果使用荧光灯或阴影白平衡，则可以得到冷暖对比或带有强烈暖调色彩的画面，这也是白平衡的一种特殊应用方式。

Nikon Z7 相机共提供了 3 类白平衡设置，即预设白平衡、手调色温及自定义白平衡，下面分别讲解它们的功能。

预设白平衡

除了自动白平衡外，Nikon Z7 相机还提供了自然光自动适应☀A、白炽灯☀、荧光灯☀、晴天☀、闪光灯☀、阴天☁及背阴☁ 7 种预设白平衡，它们分别针对一些常见的典型环境，通过选择这些预设的白平衡可快速获得需要的设置。

操作方法

在默认设置下，按住 Fn1 按钮并同时转动主指令拨盘，即可选择不同的白平衡模式。当选择了自动、荧光灯、选择色温或手动预设选项时，同时转动副指令拨盘，可以选择子选项

设定步骤

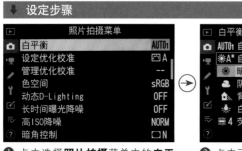

❶ 点击选择**照片拍摄**菜单中的**白平衡**选项

❷ 点击可选择不同的预设白平衡，然后点击 OK确定 图标确定

◀ 在晴天天气下，白天拍摄风光照片时，使用"晴天"白平衡便能使画面色彩得到较好的还原『焦距：18mm ┊ 光圈：F10 ┊ 快门速度：1/320s ┊ 感光度：ISO100』

灵活运用三种自动白平衡

Nikon Z7 提供了三种自动白平衡模式，其中"保留暖色调颜色"自动白平衡模式能够较好地表现出白炽灯下拍摄的效果，即在照片中保留灯光下的红色色调，从而拍出具有温暖氛围的照片；而"保持白色（减少暖色）"自动白平衡模式可以抑制灯光中的红色，准确地再现白色。

而"保持总体氛围"自动白平衡模式则由相机自动进行调整画面的色调，以获得一个均衡的氛围效果。需要注意的是，三种不同的自动白平衡模式只有在色温较低的场景中才能表现出来，在其他条件下，使用三种自动白平衡模式拍摄出来的照片效果是一样的。

❶ 点击选择**照片拍摄**菜单中的**白平衡**选项

❷ 点击选择**自动**选项

❸ 点击选择所需的选项

▲ 选择"保持白色（减少暖色）"自动白平衡模式可以抑制灯光中的红色，拍摄出来照片中模特的皮肤会显得更白皙、好看一些『焦距：35mm ┆ 光圈：F3.2 ┆ 快门速度：1/60s ┆ 感光度：ISO100』

▲ 使用"保留暖色调颜色"自动白平衡模式拍摄出来的照片暖调更明显一些『焦距：35mm ┆ 光圈：F3.2 ┆ 快门速度：1/60s ┆ 感光度：ISO100』

什么是色温

在摄影领域色温用于说明光源的成分,单位用"K"表示。例如,日出日落时光的颜色为橙红色,这时色温较低,大约3200K;太阳升高后,光的颜色为白色,这时色温高,大约5400K;阴天的色温还要高一些,大约6000K。色温值越大,则光源中所含的蓝色光越多;反之,当色温值越小,则光源中所含的红色光越多。

低色温的光趋于红、黄色调,其能量分布中红色调较多,因此又通常被称为"暖光";高色温的光趋于蓝色调,其能量分布较集中,也被称为"冷光"。

通常在日落之时,光线的色温较低,因此拍摄出来的画面偏暖,适合表现夕阳静谧、温馨的感觉。为了加强这样的画面效果,可以使用暖色滤镜,或是将白平衡设置成阴天模式。晴天、中午时分的光线色温较高,拍摄出来的画面偏冷,通常这时空气的能见度也较高,可以很好地表现大景深的场景,另外还因为冷色调的画面可以很好地表现出冷清的感觉,在视觉上有开阔的感受。

蓝天、白雪约 10000K

雨天约 7000K

正午晴天约 5000K

下午阳光约 4500K

室内灯光约 3400K

烛光约 1800K

9000K
8000K
7000K
6000K
5000K
4000K
3000K
2000K
1000K

户外阴影约 7500K

阴天约 6500K

闪光灯约 5500K

夕阳约 3800K

家用电灯约 2800K

选择色温

为了满足复杂光线环境下的拍摄需求，Nikon Z7 相机为色温调整白平衡模式提供了 2500~10000K 的调整范围，并提供了一个色温调整列表，用户可以根据实际色温和拍摄要求进行精确调整。

可以通过两种操作方法来设置色温，第一种是通过菜单进行设置，第二种是通过机身按钮来操作。

在通常情况下，使用自动白平衡模式就可以获得不错的色彩效果。但在特殊光线条件下，使用自动白平衡模式有时可能无法得到准确的色彩还原，此时，应根据光线条件选择合适的白平衡模式。实际上每一种预设白平衡也对应着一个色温值，以下是不同预设白平衡模式所对应的色温值。了解不同预设白平衡所对应的色温值，有助于摄影师精确设置不同光线下所需的色温值。

▶ 操作方法

在默认设置下，按住 FnI 按钮并同时转动主指令拨盘选择"选择色温"选项。然后转动副指令拨盘选择所需的色温数值

⬇ 设定步骤

❶ 在**照片拍摄**菜单中点击选择**白平衡**选项，然后点击选择**选择色温**选项

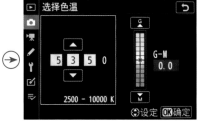

❷ 点击选择数字框，点击▲或▼图标可更改色温数值

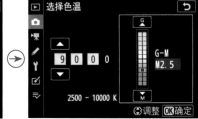

❸ 点击选择 G（绿色）或 M（洋红）轴，然后点击▲或▼图标选择一个数值，完成后点击 OK确定 图标确定

	选 项	色 温	说 明
WB**A**自动	保持白色（减少暖色）	3500 ~ 8000K	相机自动调整白平衡以获得较好的色彩效果。在大多数光线下，色彩还原度都比较好
	保持总体氛围		
	保留暖色调颜色		
☀A自然光自动适应		4500 ~ 8000K	在自然光线下使用此白平衡模式，照片色彩还原接近肉眼所见
☀白炽灯		3000K	在白炽灯照明环境中使用
荧光灯	钠汽灯	2700K	在钠汽灯照明环境（如运动场所）中使用
	暖白色荧光灯	3000K	在暖白色荧光灯照明环境中使用
	白色荧光灯	3700K	在白色荧光灯照明环境中使用
	冷白色荧光灯	4200K	在冷白色荧光灯照明环境中使用
	昼白色荧光灯	5000K	在昼白色荧光灯照明环境中使用
	白昼荧光灯	6500K	在白昼荧光灯照明环境中使用
	高色温汞气灯	7200K	在高色温光源（如水银灯）照明环境中使用
☀晴天		5200K	在拍摄对象处于直射阳光下时使用
⚡闪光灯		5400K	在使用内置或另购的闪光灯时使用
☁阴天		6000K	在白天多云时使用
🏠背阴		8000K	在拍摄对象处于白天阴影中时使用

自定义白平衡

通过拍摄的方式自定义白平衡

Nikon Z7 还提供了一个非常方便的、通过拍摄的方式来自定义白平衡的方法，其操作流程如下。

❶ 在 𝒊 常用设定菜单中将对焦模式设置为MF（手动对焦）方式，然后将一个中灰色或白色物体放置在用于拍摄最终照片的光线下。

❷ 在 𝒊 常用设定菜单中，使用多重选择器选择白平衡选项并按下OK按钮，在显示的界面中选择PRE（手动预设）选项并按下▼方向键，在显示的界面中选择所需白平衡预设（d-1至d-6），如此处选择的是d-1，按下OK按钮确认后返回 𝒊 常用设定菜单。

❸ 在 𝒊 常用设定菜单中，选中白平衡选项（确定当前选项是PRE1），然后按住OK按钮直至屏幕或控制面板中的PRE图标开始闪烁，并且所选对焦点上显示白平衡目标框□。

❹ 轻触屏幕中白色或灰色的物体，或使用多重选择器使□置于屏幕中白色或灰色的区域，然后按下OK按钮或快门按钮拍摄一张照片。

❺ 拍摄完成后，若测量成功，屏幕上会显示"已获取数据"，表示手动预设白平衡已经完成，且已经被应用于相机。

> **高手点拨**：在实际拍摄时灵活运用手动预设白平衡功能，可使拍摄效果更自然，这要比使用滤色镜获得的效果更自然，操作也更方便。在实际拍摄时如果使用18%灰卡（市面有售）取代白色物体，可以获得更精确的手动预设白平衡。

▼ 对于这种以商品为主的静物摄影而言，由于需要如实地反映出商品的特征，所以拍摄出的照片色彩不允许有偏差，而使用自定义白平衡拍摄可以由摄影师自主控制、调整色温，从而使画面中商品的颜色得到准确的还原

❶ 切换至手动对焦模式

❷ 选择手动预设选项

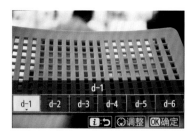

❸ 选择 d-1 选项

❹ 按住 OK 按钮直至 PRE 图标开始闪烁

从照片中复制白平衡

在 Nikon Z7 中，可以将拍摄某一张照片时定义的白平衡复制到当前指定的白平衡预设中，这种功能被称为从照片中复制白平衡，是高端数码相机才提供的功能。

⬇ 设定步骤

❶ 在**照片拍摄**菜单中点击选择**白平衡**选项

❷ 点击选择**手动预设**选项

❸ 点击选择要应用或编辑的白平衡预设（此处选择的是 d-2），然后点击选择🔍选择图标

❹ 点击选择**选择图像**选项

❺ 点击选择用于复制白平衡的源图像，然后点击 OK确定 图标确定

▲ 通过白平衡复制功能将之前拍摄夕阳景象时的白平衡运用到选中的图像上，得到了偏紫色调的画面效果『焦距：70mm ┊ 光圈：F5.6 ┊ 快门速度：1/250s ┊ 感光度：ISO1000』

设置自动对焦模式以准确对焦

对焦是成功拍摄的重要前提之一，准确对焦可以让主体在画面中清晰呈现，反之则容易出现画面模糊的问题，也就是所谓的"失焦"。

Nikon Z7 提供了 AF 自动对焦与 M 手动对焦两种模式，而 AF 自动对焦又可以分为 AF-S 单次伺服自动对焦、AF-C 连续伺服自动对焦及 AF-F 全时自动对焦（仅在视频拍摄模式下可用）三种，选择合适的对焦方式可以帮助我们顺利地完成对焦工作，下面分别讲解它们的使用方法。

单次伺服自动对焦模式（AF-S）

单次伺服自动对焦在合焦（半按快门时对焦成功）之后即停止自动对焦，此时可以保持半按快门的状态重新调整构图，此自动对焦模式常用于拍摄静止的对象。

▶ 操作方法 1

在默认设置下，按住 Fn2 按钮并同时转动主指令拨盘，即可选择所需的自动对焦模式

▶ 操作方法 2

按下 **i** 按钮显示常用设定菜单，使用多重选择器选择对焦模式选项，然后转动主指令拨盘选择所需的对焦模式。也可以通过点击选项的方式进行设置

▲ 在拍摄静态对象时，使用单次伺服自动对焦模式完全可以满足拍摄需求

Q：AF（自动对焦）不工作怎么办？

A：需要确保稳妥地安装了镜头，如果没有稳妥地安装镜头，则有可能无法正确对焦。

连续伺服自动对焦模式（AF-C）

选择此对焦模式后，当摄影师半按快门合焦后，保持快门的半按状态，相机会在对焦点中自动切换以保持对运动对象的准确合焦状态，如果在这个过程中主体位置或状态发生了较大的变化，相机会自动进行调整。这是因为在此对焦模式下，如果摄影师半按快门释放按钮时，被摄对象靠近或离开了相机，则相机将自动启用预测对焦跟踪系统。这种对焦模式较适合拍摄运动中的鸟、昆虫、人等对象。

▲ 在拍摄奔跑中的小猫时，使用连续伺服自动对焦模式可以随着小猫的运动而迅速改变对焦，以保证获得焦点清晰的画面。由于拍摄时使用了连拍模式，因此得到的是一组动作连续的照片

Q：如何拍摄自动对焦困难的主体？

A：在某些情况下，直接使用自动对焦功能拍摄时对焦会比较困难，此时除了使用手动对焦方法外，还可以按下面的步骤使用对焦锁定功能进行拍摄。

1. 设置对焦模式为单次伺服自动对焦，将自动对焦点对焦在另一个与希望对焦的主体距离相等的物体上，然后半按快门按钮或副选择器中央部分。

2. 因为半按快门按钮或副选择器中央部分时对焦已被锁定，因此可以将镜头转至希望对焦的主体上，重新构图后完全按下快门完成拍摄。

灵活设置自动对焦辅助功能

AF-C 模式下优先释放快门或对焦

"AF-C 优先选择"菜单用于控制采用 AF-C 连续伺服自动对焦模式时，每次按下快门释放按钮时都可拍摄照片，还是仅当相机清晰对焦时才可拍摄照片。

● 释放：选择此选项，则无论何时按下快门释放按钮均可拍摄照片。如果确认"拍到"比"拍好"更重要，例如，在突发事件的现场，或记录不会再出现的重大时刻，可以选择此选项，以确保至少能够拍到值得纪录的画面，至于是否清晰就靠运气了。

● 对焦：选择此选项，则仅当显示对焦指示（●）时方可拍摄照片，而且拍出的照片是最清晰的，但有可能出现在相机对焦的过程中，被摄对象已经消失，或拍摄时机已经丧失的情况。

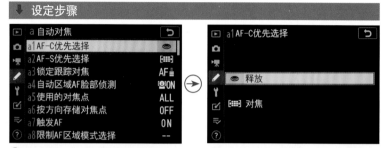

❶ 进入**自定义设定**菜单，选择 a **自动对焦**中的 a1 AF-C **优先选择**选项　　❷ 点击选择一个选项即可

足球场上运动员的动作变化很快，适合设置为"释放"选项『焦距：300mm│光圈：F5.6│快门速度：1/1000s│感光度：ISO1000』

AF-S 模式下优先释放快门或对焦

与"AF-C 优先选择"菜单类似，"AF-S 优先选择"菜单是用于控制采用 AF-S 单次伺服自动对焦模式时，每次按下快门释放按钮时都可拍摄照片，还是仅当相机清晰对焦时才可拍摄照片。

不同的是，无论选择哪个选项，当显示对焦指示（●）时，对焦将在半按快门释放按钮期间被锁定，且对焦将持续锁定直至快门被释放。

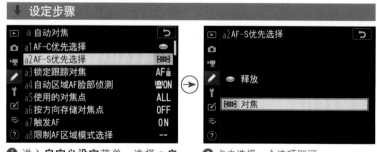

❶ 进入**自定义设定**菜单，选择 a **自动对焦**中的 a2 AF-S **优先选择**选项　　❷ 点击选择一个选项即可

● 释放：选择此选项，则无论何时按下快门释放按钮均可拍摄照片。由于在使用 AF-S 对焦模式时，相机仅对焦一次，因此，如果半按快门对焦后过一段时间再释放快门，则有可能由于被摄对象的位置发生了较大变化，导致拍摄出来的照片处于完全脱焦、虚化的状态。

● 对焦：选择此选项，则仅当显示对焦指示（●）时方可拍摄照片。

利用蜂鸣音提示对焦成功

蜂鸣音最常见的作用就是在对焦成功时发出清脆的声音，以便于确认是否对焦成功。

除此之外，蜂鸣音在自拍时会用于自拍倒计时提示。

❶ 在**设定菜单**中点击选择**蜂鸣音选项**

❷ 点击选择要修改的选项

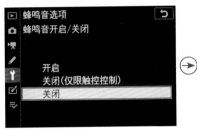

❸ 若在步骤❷中选择**蜂鸣音开启/关闭**选项，点击可选择是否开启蜂鸣音功能

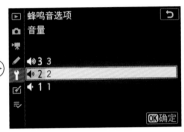

❹ 若在步骤❷中选择**音量**选项，点击可选择音量的大小，然后点击 OK确定图标确定

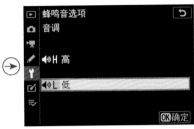

❺ 若在步骤❷中选择**音调**选项，点击可选择音调的高低，然后点击 OK确定图标确定

高手点拨：建议选择开启该功能，这样不仅可以很好地帮助摄影师确认合焦，同时在自拍时也能够起到较好的提示作用。

● 蜂鸣音开启/关闭：选择此选项，可以设置开启或关闭蜂鸣音功能，或者在触摸控制时，关闭蜂鸣音功能。

● 音量：选择此选项，可以设置蜂鸣音的音量大小，包含"3""2"和"1"三个选项。数值越小，则发出的蜂鸣音也越小。

● 音调：选择此选项，可以设置蜂鸣音的"高"或"低"声调。

开启蜂鸣音功能后，能够起到对焦成功的提示作用『焦距：100mm ┊光圈：F4.5 ┊快门速度：1/125s ┊感光度：ISO640』

利用内置 AF 辅助照明器辅助对焦

在弱光环境下，相机的自动对焦功能会受到很大的影响，此时可以利用"内置 AF 辅助照明器"功能来提供简单照明，以满足自动对焦对拍摄环境亮度的要求。

 高手点拨：在不能使用 AF 辅助照明器照明时，如果难于对焦，可以挑选明暗反差较大的位置进行对焦。如果拍摄的是会议或体育比赛等不能被打扰的对象，应该关闭此功能。另外，此功能并不适用于所有镜头，因为某些体积较大的镜头会挡住 AF 辅助照明器，因此，当开启此功能但 AF 辅助照明器未发挥作用时，要检查是否是由于镜头遮挡了 AF 辅助照明器造成的。

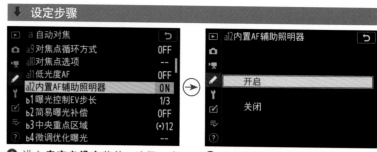

❶ 进入**自定义设定**菜单，选择 a **自动对焦**中的 a12 **内置 AF 辅助照明器**选项

❷ 点击选择**开启**或**关闭**选项

● 开启：选择此选项，在 AF-S 单次伺服自动对焦模式下，当拍摄场景中的光线不足时，内置自动对焦辅助照明会点亮以辅助自动对焦。

● 关闭：选择此选项，则内置自动对焦辅助照明器不会被点亮以辅助对焦操作。在光线不足时，相机可能无法使用自动对焦功能。

Q：为什么在弱光下拍摄时，内置 AF 辅助照明器没有发出光线？

A：此功能仅当将对焦模式设置为 AF-S 单次伺服自动对焦模式时才生效。

低光度 AF

当对焦模式设置为 AF-S 单次伺服自动对焦模式时，在"低光度 AF"菜单中选择"开启"选项，可以在光线不足的场景中拍摄时获得更准确的对焦。

不过需要注意的是，启用"低光度 AF"功能后，相机对焦的时间会有所延长。

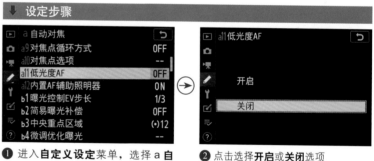

❶ 进入**自定义设定**菜单，选择 a **自动对焦**中的 a11 **低光度** AF 选项

❷ 点击选择**开启**或**关闭**选项

 高手点拨：此功能仅当在 🅐 以外的曝光模式下才生效。在视频拍摄模式下是无效的。当低光度 AF 生效时，屏幕中将出现"Low-light（低光度）"的提示。

自动对焦区域模式

　　Nikon Z7 提供了 493 个自动对焦点，为精确对焦提供了极大的便利。这些自动对焦点被分成为 5 种自动对焦区域模式，摄影师可以选择合适的自动对焦区域模式，以改变对焦点的数量及用于对焦的方式，从而满足不同的拍摄需求。

微点区域 AF [⬚]

　　在此模式下，摄影师可以使用副选择器或点击屏幕选择自动对焦点，但此模式的对焦区域较小，因此适合进行很小范围内的对焦。如隔着笼子拍摄动物时，可能会需要更小的对焦点对笼子里面的动物进行对焦。但也正由于对焦区域小，因此在手持拍摄或移动对焦时，可能会出现无法合焦的问题。

　　需要注意的是，此对焦区域模式仅在照片拍摄模式且对焦模式设置为 AF-S 单次伺服自动对焦时可用，而且对焦速度可能比单点区域 AF 慢。

▶ 操作方法 1

在默认设置下，按住 Fn2 按钮并同时转动副指令拨盘，即可选择所需的自动对焦区域模式

▲ 使用 "微点区域 AF" 模式，在针对铁丝网后动物的眼睛进行对焦时，可以确保其精准度『焦距：200mm ┊ 光圈：F5.6 ┊ 快门速度：1/250s ┊ 感光度：ISO400』

▶ 操作方法 2

按下 ***i*** 按钮显示常用设定菜单，使用多重选择器选择 AF 区域模式选项，然后转动主指令拨盘选择所需的自动对焦区域模式。也可以通过点击选项的方式进行设置

单点区域 AF [⬚]

　　在此对焦区域模式下，摄影师可以使用副选择器或点击屏幕选择对焦点，拍摄时相机仅对焦于所选对焦点上的拍摄对象。此对焦区域模式适用于拍摄静止的对象，如人像、风光、花卉、静物和建筑等。

> **提示**
>
> 　　Nikon Z6 相机的对焦点数量为 273 个。

动态区域 AF [·:·]

在此自动对焦区域模式下，相机会对焦于用户所选择的自动对焦点，若拍摄对象暂时偏离所选对焦点，则相机会自动使用周围的对焦点进行对焦。此模式仅在照片拍摄模式且对焦模式设置为 AF-C 连续伺服自动对焦模式时可用。

宽区域 AF（S）[WIDE-S] / 宽区域 AF（L）[WIDE-L]

在这两种对焦区域模式下，将使用较宽的对焦点对画面进行对焦，同单点自动对焦区域模式一样，由用户选择自动对焦点的位置，然后相机对焦于所选对焦点覆盖的区域。宽区域（S）和宽区域（L）之间的区别就是宽区域（L）模式的对焦点要宽一些。

自动区域 AF [▭]

在此自动对焦区域模式下，相机将自动侦测拍摄对象并选择对焦点。如果侦测到人物，所选拍摄对象上将会显示一个黄色边框，若侦测到多张脸部，用户可以使用多重选择器选择拍摄对象。

在此自动对焦区域模式下，如果按下 OK 按钮，可以激活相机的对象跟踪功能，此时对焦点变为瞄准网格形态，将该网格置于要追踪的对象上并再次按下 OK 或 AF-ON 按钮，相机将启动对象跟踪，当所选的拍摄对象在画面中移动时，对焦点将持续跟踪并对焦。因此适用于对从一端到另一端进行不规则运动的拍摄对象（例如，网球选手）进行迅速构图。若要停止跟踪，再次按下 OK 按钮即可，若要退出对象跟踪功能，则按下 ⊖✺ 按钮。

▲ 孩子们的跳水的动作很快，适合使用自动对焦区域模式并启用对象跟踪功能拍摄『焦距：70mm ┆ 光圈：F6.3 ┆ 快门速度：1/500s ┆ 感光度：ISO100』

设置自动对焦区域模式辅助功能

限制 AF 区域模式选择

虽然 Nikon Z7 提供了 6 种自动对焦区域选择模式，但是每个人的拍摄习惯和拍摄题材不同，这些模式并非都是常用的，甚至有些模式几乎不会用到，因此可以在"限制 AF 区域模式选择"菜单中自定义可选择的自动对焦区域选择模式，以简化拍摄时的操作。

❶ 进入**自定义设定**菜单，点击选择 a **自动对焦**中的 a8 **限制 AF 区域模式选择**选项

❷ 点击选择常用的自动对焦区域选择模式，点击选择图标添加勾选标志，选择完成后点击OK确定图标确认

锁定跟踪对焦

"锁定跟踪对焦"菜单主要用于设定在 AF-C 模式下，当有物体从拍摄对象与相机之间穿过时对焦的反应速度。

选择的值越高，相机的反应越慢，原始拍摄对象失焦的可能性就越小，选择的值越低，相机的反应速度越快，这时相机则会更容易对焦经过的物体。

需要注意的是，当在自动区域 AF 模式下时，设置 1 和 2 选项的效果均相当于 3 选项。

❶ 进入**自定义设定**菜单，选择 a **自动对焦**中的 a3 **锁定跟踪对焦**选项

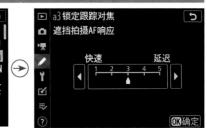

❷ 点击选择**开启**或**关闭**选项即可

自动区域 AF 脸部侦测

当将自动对焦区域模式设为"自动区域 AF"模式时，可以在此菜单中设置是否侦测画面中的人脸并以人脸为对焦标准。

● 开启：选择此选项，在实际拍摄时，相机侦测画面中的人脸，并且会自动对焦至人物脸部，以得人脸清晰的画面。

❶ 进入**自定义设定**菜单，选择 a **自动对焦**中的 a4 **自动区域 AF 脸部侦测**选项

❷ 点击选择**开启**或**关闭**选项即可

● 关闭：选择此选项，则相机不会侦测画面中的人脸，在进行自动对焦时有可能对人物的身体对焦，也有可能对其他区域进行对焦，拍摄出来的画面对焦效果不能完全理想。

手选对焦点

默认情况下，自动对焦点是优先针对较近的对象进行对焦，因此当拍摄对象不是位于前方，或对焦的位置较为复杂时，自动对焦点通常无法满足我们的拍摄需求，此时就可以手动选择一个对焦点，从而进行更为精确的对焦。

除了"自动对焦 AF"对焦区域模式外，在其他自动对焦区域模式下，都可以通过拨动机身上的副选择器，来调整对焦点的位置。

▶ 操作方法

在拍摄过程中，向上、向下、向左或向右拨动副选择器，可以调整自动对焦点的位置。也可以直接用手点击屏幕上要对焦的区域进行对焦操作

Q：图像模糊、不聚焦或锐度较低应如何处理?

A：出现这些情况时，可以从以下三个方面进行检查。

1. 按下快门按钮时相机是否发生了移动? 按下快门按钮时要确保相机稳定，尤其在拍摄夜景或在黑暗的环境中拍摄时，快门速度应高于正常拍摄条件下的快门速度。尽量使用三脚架或遥控器，以确保拍摄时相机保持稳定。

2. 镜头和主体之间的距离是否超出了相机的对焦范围? 如果超出了对焦范围，应该调整主体和镜头之间的距离。

3. 自动对焦点是否覆盖了主体? 相机会对焦于屏幕中自动对焦点覆盖的主体。如果因为所处位置使自动对焦点无法覆盖主体，可以使用对焦锁定功能。

Nikon Z7

▲ 手动选择对焦点对焦人物眼睛处，再配合大光圈拍摄，得到了人物清晰而背景虚化的漂亮画面『焦距：50mm ┊光圈：F2 ┊快门速度：1/400s ┊感光度：ISO160』

调整对焦点应对不同拍摄题材

对焦点数量

虽然 Nikon Z7 提供了 493 个可选择性的自动对焦点，但并非拍摄所有题材时都需要使用这么多的对焦点，我们可以根据实际拍摄需要选择可用的自动对焦点数量。

例如在拍摄摆姿人像时，通常只用一个对焦点对人眼进行对焦，这时就可以减少对焦点的数量，以避免由于对焦点过多而导致手选对焦点时过于复杂的问题。

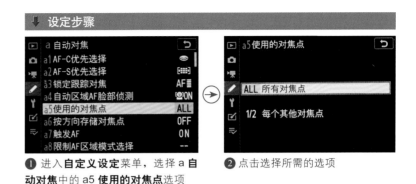

❶ 进入**自定义设定**菜单，选择 a **自动对焦**中的 a5 **使用的对焦点**选项

❷ 点击选择所需的选项

● 所有对焦点：选择此选项，在当前设定的自动对焦区域模式下，可用的每个对焦点都可以选择。

● 每个其他对焦点：选择此选项，除了宽区域 AF（L）模式外，在其他区域对焦模式下，可用对焦点数量减少四分之三，以便用户快速选择对焦点。

▲ 使用所有对焦点拍摄鸟儿喂食的精彩画面，可以保证母鸟与雏鸟都很清晰『焦距：300mm｜光圈：F6.3｜快门速度：1/500s｜感光度：ISO100』

▲ 拍摄静态风景时，使用少量的对焦点就可以拍摄出成功作品『焦距：18mm｜光圈：F16｜快门速度：1/5s｜感光度：ISO100』

对焦点循环方式

当使用多重选择器手选对焦点时，可以通过"对焦点循环方式"菜单控制对焦点循环的方式，即可控制当选择最边缘的一个对焦点时，再次按下多重选择器的方向键，对焦点将如何变化。

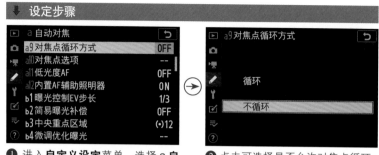

❶ 进入**自定义设定**菜单，选择 a **自动对焦**中的 a9 **对焦点循环方式**选项

❷ 点击可选择是否允许对焦点循环

● 循环：选择此选项，则选择对焦点时可以从上到下、从下到上、从右到左以及从左到右进行循环。例如屏幕右边缘处的对焦点被加亮显示时，向右拨动副选择器可选择屏幕左边缘处的相应对焦点。

● 不循环：选择此选项，当对焦点位于屏幕中最外部的对焦点上时，再次拨动副选择器，对焦点也不再循环。例如，在选定最右侧的一个对焦点时，即使向右拨动副选择器，对焦点也不会再移动。

对焦点选项

"对焦点选项"菜单用于设置拍摄期间，在手动对焦模式或动态区域对焦模式下，屏幕中对焦点的显示状态。

● 手动对焦模式：选择"开启"选项，可以在手动对焦模式下显示当前对焦点，若选择"关闭"选项，则仅在对焦点选择期间显示对焦点。

● 动态区域AF辅助：选择"开启"选项，可以在动态区域AF模式下同时显示所选对焦点和周围辅助的对焦点，若选择"关闭"选项，则仅显示所选的单个对焦点。

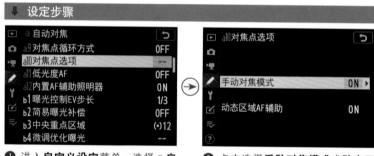

❶ 进入**自定义设定**菜单，选择 a **自动对焦**中的 a10 **对焦点选项**选项

❷ 点击选择**手动对焦模式**或**动态区域 AF 辅助**选项

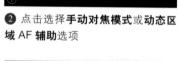
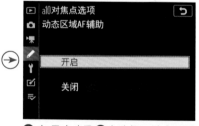

❸ 如果在步骤❷中选择了**手动对焦模式**选项，点击可选择**开启**或**关闭**选项

❹ 如果在步骤❷中选择了**动态区域 AF 辅助**选项，点击可选择**开启**或**关闭**选项

按方向存储对焦点

在水平或垂直方向切换拍摄时，常常遇到的一个问题就是，在切换至不同的方向时，会使用不同的自动对焦。在实际拍摄时，如果每次切换拍摄方向时都重新指定对焦点无疑是非常麻烦的，利用"按方向存储对焦点"功能，可以实现在使用不同的拍摄方向拍摄时相机自动切换到之前存储的对焦点上。

Nikon Z7 相机可以为横向方向、竖直顺时针旋转 90° 方向及竖直逆时针旋转 90° 方向选择不同的对焦点。

设定步骤

a 自动对焦	↩
a1 AF-C优先选择	
a2 AF-S优先选择	
a3 锁定跟踪对焦	AF
a4 自动区域AF脸部侦测	ON
a5 使用的对焦点	ALL
a6 按方向存储对焦点	OFF
a7 触发AF	ON
a8 限制AF区域模式选择	--

❶ 进入**自定义设定**菜单，选择 a **自动对焦**中的 a6 **按方向存储对焦点**选项

a6 按方向存储对焦点	↩
是	
否	

❷ 点击选择**是**或**否**选项

● **是**：选择此选项，可以在屏幕上分别选择三个方向上的对焦点，并且在后续的拍摄中，当相机切换到该方向时，自动切换到所选对焦点的位置，以简化拍摄时切换对焦点的操作。

● **否**：选择此选项，不管使用什么方向拍摄，相机都不会改变对焦点的位置。

▲ 选择"是"选项，相机逆时针旋转 90° 时，自动对焦点的位置

▲ 选择"是"选项，相机风景（横向）方向时，自动对焦点的位置

▲ 选择"是"选项，相机顺时针旋转 90° 时，自动对焦点的位置

▲ 选择"否"选项，相机逆时针旋转 90° 时，自动对焦点的位置

▲ 选择"否"选项，相机风景（横向）方向时，自动对焦点的位置

▲ 选择"否"选项，相机顺时针旋转 90° 时，自动对焦点的位置

手动对焦实现自主对焦控制

如果在摄影中遇到下面的情况，相机的自动对焦系统往往无法准确对焦，此时应该使用手动对焦功能。但由于摄影师的拍摄经验不同，拍摄的成功率也有极大的差别。

● 画面主体处于杂乱的环境中，例如拍摄杂草后面的花朵。

● 画面属于高对比、低反差的画面，例如拍摄日出、日落。

● 在弱光环境下进行拍摄，例如拍摄夜景、星空。

● 距离太近的题材，例如微距拍摄昆虫、花卉等。

● 主体被其他景物覆盖，例如拍摄动物园笼子里面的动物、鸟笼中的鸟等。

● 对比度很低的景物，例如拍摄蓝天、墙壁。

● 距离较近且相似程度又很高的题材，例如旧照片翻拍等。

Q：图像模糊、不聚焦或锐度较低应如何处理？

A：出现这种情况时，可以从以下三个方面进行检查。

1. 按快门按钮时相机是否产生了移动？按快门按钮时要确保相机稳定，尤其在拍摄夜景或在黑暗的环境中拍摄时，快门速度应高于正常拍摄条件下的快门速度。应尽量使用三脚架或遥控器，以确保拍摄时相机保持稳定。

2. 镜头和主体之间的距离是否超出了相机的对焦范围？如果超出了相机的对焦范围，应该调整主体和镜头之间的距离。

3. 自动对焦点是否覆盖了主体？相机会对焦自动对焦点覆盖的主体，如果因为所处位置使自动对焦点无法覆盖主体，可以利用对焦锁定功能来解决。

▶ 操作方法 1

按下 i 按钮显示常用设定菜单，使用多重选择器选择对焦模式选项，然后转动主指令拨盘选择手动对焦模式。也可以通过点击选项的方式进行设置，若是在默认设置下，按住 Fn2 按钮并同时转动主指令拨盘，也可以选择手动对焦模式

▶ 操作方法 2

将对焦点置于要对焦的对象上，转动镜头上的对焦环或控制环，直至对象清晰呈现为止，当对焦成功后，对焦点会显示为绿色并且屏幕上会显示 ● 图标。在对焦期间，可以按下 $\oplus$ 按钮以更好地查看对焦情况

▲ 在微距摄影中，为了保证对焦准确，使用手动对焦模式将对焦点安排在蜘蛛的头部，可以确保主体的重要部分都是清晰的，从而使主体显得更加生动『焦距：105mm ┊光圈：F8 ┊快门速度：1/320s ┊感光度：ISO100』

轮廓增强加亮显示

轮廓增强是一种独特的辅助对焦显示功能，开启此功能后，在使用手动对焦模式进行拍摄时，如果被摄对象对焦清晰，则其边缘会出现标示色彩（通过"轮廓增强加亮显示颜色"进行设定）轮廓，以方便拍摄者辨识。

在"轮廓增强级别"选项中可以设置轮廓增强显示的强弱程度，包含"3（高灵敏度）""2（标准）""1（低灵敏度）"和"关闭"4 个选项，数值选项分别代表不同的强度，等级高，颜色标示就明显，选择"关闭"选项，则不使用轮廓增强功能。

通过"轮廓增强加亮显示颜色"选项可以设置在开启轮廓增强功能时，在被摄对象边缘显示标示的色彩，有"红色""黄色""蓝色"以及"白色"4 种颜色选项，在拍摄时，需要根据被摄对象的颜色，选择与主体反差较大的色彩。

① 进入**自定义设定**菜单，选择 d **拍摄 / 显示**中的 d10 **轮廓增强加亮显示**选项

② 点击选择**轮廓增强级别**选项

③ 点击选择所需的级别选项或关闭选项

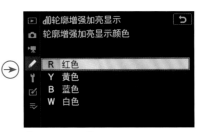

④ 若在步骤②中选择了轮廓增强加亮显示颜色，在此界面中点击选择所需的颜色选项

高手点拨：在拍摄时，需要根据被摄对象的颜色，选择与主体反差较大的色彩，例如拍摄高调对象时，由于大面积为亮色调，所以不适合选择"白色"选项，而应该选择与被摄对象的颜色反差较大的红色。

▶ 在这张照片中，画面颜色以白色和蓝色居多，因此在拍摄时可以选择黄色或红色的轮廓增强颜色，以直观地查看对焦情况『焦距：35mm ┊光圈：F3.2 ┊快门速度：1/160s ┊感光度：ISO200』

根据拍摄任务设置快门释放模式

选择快门释放模式

针对不同的拍摄任务，需要将快门设置为不同的释放模式。例如，要抓拍高速移动的物体，为了保证成功率，可以通过设置使相机能够在按下一次快门后，连续拍摄多张照片。

Nikon Z7 相机提供了 5 种快门释放模式，分别是单张拍摄 **S**、低速连拍 **L**、高速连拍 **H**、高速连拍延长 **H'** 以及自拍 **○**，下面分别讲解它们的使用方法。

● 单张拍摄 **S**：每次按下快门即拍摄一张照片，适合拍摄静止的对象，如建筑、山水或动作幅度不大的对象（摆拍的人像、昆虫等）。

● 低速连拍 **L**：若按住快门释放按钮不放，相机每秒可拍摄 1～5 张照片。此连拍数量可以通过按住 **○(○)** 按钮并同时旋转副指令拨盘进行改变。

● 高速连拍 **H**：若按住快门释放按钮不放，相机每秒最多可拍摄 5.5 张照片。

● 高速连拍延长 **H'**：若按住快门释放按钮不放，相机每秒最多可拍摄 9 张照片。在此模式下，相机将调整对焦和曝光，以维持较高的每秒张数。并且外置闪光灯无法使用、闪烁消减功能也不起作用。

● 自拍 **○**：可以按住 **○(○)** 按钮并同时旋转副指令拨盘选择自拍延迟时间，从而获得 2 秒、5 秒、10 秒和 20 秒的自拍延迟时间，特别适合自拍或合影时使用。在最后 2 秒时，相机的指示灯不再闪烁，且蜂鸣音变快。

▶ 操作方法

按住 **○(○)** 按钮并同时转动主指令拨盘选择所需的释放模式。当选择了低速连拍或自拍选项时，转动副指令拨盘可以选择低速连拍时的每秒拍摄张数或自拍时的延迟时间，选择完成后按下 OK 按钮确认

释放模式	图像品质	位深度	静音拍摄	
			关闭	开启
低速连拍	JPEG/TIFF	—	5 张	Z7：4 张 Z6：4.5 张
	NEF（RAW）/NEF（RAW）+JPEG	12		
		14		Z7：3.5 张 Z6：4 张
高速连拍	JPEG/TIFF	—	5.5 张	Z7：4 张 Z6：4.5 张
	NEF（RAW）/NEF（RAW）+JPEG	12		
		14	Z7：5 张 Z6：5.5 张	Z7：3.5 张 Z6：4 张
高速连拍（延长）	JPEG/TIFF	—	Z7：9 张 Z6：12 张	Z7：8 张 Z6：12 张
	NEF（RAW）/NEF（RAW）+JPEG	12		
		14	Z7：8 张 Z6：9 张	Z7：6.5 张 Z6：8 张

提示

Nikon Z6 相机在高速连拍延长模式下，相机每秒最多可拍摄 12 张照片。

设置 CL 模式拍摄速度

Nikon Z7 提供了低速连拍模式，如果要设置此模式下每秒拍摄的照片张数，可以通过"CL 模式拍摄速度"菜单来实现，有 1~5fps 共 5 个选项供选择，即每秒分别拍摄 1~5 张照片。

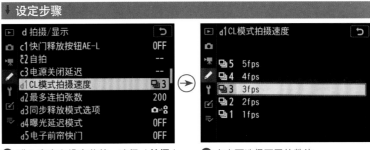

↓ 设定步骤

▶ d 拍摄/显示	↺
c1 快门释放按钮AE-L	OFF
c2 自拍	--
c3 电源关闭延迟	--
d1 CL模式拍摄速度	⊡3
d2 最多连拍张数	200
d3 同步释放模式选项	⊡ǚ
d4 曝光延迟模式	OFF
d5 电子前帘快门	OFF

▶ d1 CL模式拍摄速度	↺
⊡5 5fps	
⊡4 4fps	
⊡3 3fps	
⊡2 2fps	
⊡1 1fps	

❶ 进入**自定义设定**菜单，选择 d **拍摄/显示**中的 d1 CL **模式拍摄速度**选项

❷ 点击可选择不同的数值

▲ 使用低速连拍模式拍摄人像的好处在于，可以给模特变换姿势的时间，从而使每张照片的姿势与表情都比较从容『焦距：85mm ┆ 光圈：F3.5 ┆ 快门速度：1/400s ┆ 感光度：ISO200』

高手点拨：受拍摄时的对焦速度、文件大小等诸多因素的影响，实际拍摄时的连拍速度可能要低于所选择的数值。

设置最多连拍张数

虽然，可以使用高速或低速连拍快门释放模式，一次性拍出多张照片，但由于内存缓冲区是有限的，因此连续拍摄时所能拍摄的张数实际上也是有上限的。

要在相机内定的上限范围内设置一次最多连拍的张数，可以通过"最多连拍张数"菜单来实现。

在连拍模式下，可将一次最多能够连拍的照片张数设为 1 至 200 之间的任一数值。需要注意的是，无论选择了何种数值，当在 S 或 M 模式下将快门速度设置为 4 秒及更低时，一次连拍中可拍摄的照片张数没有限制。

Q：如何知道连拍操作时内存缓冲区（缓存）最多能够存储多少张照片？

A：数据写入存储卡的速度与拍摄速度并不是一致的，而是先写入缓存，然后再转存至存储卡中，因此，当缓存被占满后，即使按下快门释放按钮，也无法继续拍摄。按下快门释放按钮时，屏幕和控制面板的剩余曝光次数显示中将出现当前设定下内存缓冲区可存储的照片数量。

缓存可容纳的照片数量与所设置的影像品质及文件大小有关，品质越高、文件越大，则可容纳的照片数量就越少。如果开启了降噪处理或动态 D-Lighting 功能，由于相机需要在缓存中对照片进行处理后才会转存至存储卡中，因此也会降低缓存的容量。

当缓存正在存储数据时，下图中红圈所示的存取指示灯会亮起，直至数据完全保存至存储卡中为止。在此过程中，一定不要取出存储卡或电池，否则可能会造成数据丢失。此时，即使关闭相机电源，相机也会将缓存中的数据处理完后再关闭电源。

▲ 红色线框标出了当前可保存的连续拍摄照片数量

▲ 红色圆圈中就是存取指示灯

❶ 进入**自定义设定**菜单，选择 d **拍摄 / 显示**中的 d2 **最多连拍张数**选项

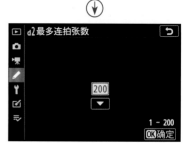

❷ 点击▲或▼图标可选择不同的数值，然后点击 OK确定 图标确认

设置自拍选项

Nikon Z7 提供了较为丰富的自拍控制选项，可以设置拍摄时的延迟时间、自拍的张数、自拍的间隔。

在进行自拍时，可以指定一个从按下快门按钮起（准备拍摄）至开始曝光（开始拍摄）的延迟时间，其中包括了"2 秒""5 秒""10 秒"和"20 秒"4 个选项。利用自拍延时功能，可以为拍摄对象留出足够的时间，以便摆出想要拍摄的造型等。

例如，可以将"拍摄张数"设置为 5 张，"拍摄间隔"设置为 3 秒，这样可以一下自拍 5 张照片，由于每两张照片之间有 3 秒的间隔时间，足以摆出不同的姿势。

设定步骤

❶ 进入**自定义设定**菜单，选择 c **计时 / AE 锁定**中的 c2 **自拍**选项

❷ 点击选择**自拍延迟**选项

❸ 点击可选择不同的自拍延迟时间

❹ 如果在步骤❷中选择**拍摄张数**选项，点击▲和▼图标选择要拍摄的照片数量，然后点击**OK确定**图标确认

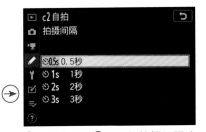

❺ 如果在步骤❷中选择**拍摄间隔**选项，点击选择拍摄张数超过 1 张时两次拍摄之间的间隔时间

 高手点拨： 要重视"拍摄张数"这个参数，因为在自拍团体照时，通常会出现某些人没有笑容、某些人闭睛的情况，将此数值设置得高一些，能够增加后期挑选照片的余地。

◀ 利用"自拍延时"功能，摄影师可以较从容跑到合影位置并摆好 POSE，等待相机完成拍摄，此功能非常适合拍摄合影『焦距：35mm ┊ 光圈：F4 ┊ 快门速度：1/100s ┊ 感光度：ISO200』

设置测光模式以获得准确曝光

要想准确曝光，前提是必须做到准确测光，根据数码微单相机内置测光表提供的曝光数值进行拍摄，一般都可以获得准确曝光。但有时候也不尽然，例如，在环境光线较为复杂的情况下，数码相机的测光系统不一定能够准确识别，此时仍采用数码相机提供的曝光组合拍摄的话，就会出现曝光失误。在这种情况下，我们应该根据要表达的主题、渲染的气氛进行适当的调整，即按照"拍摄→检查→设置→重新拍摄"的流程进行不断的尝试，直至拍出满意的照片为止。

在使用除 B 门以外的所有曝光模式拍摄时，都需要依据相应的测光模式确定曝光组合。例如，在光圈优先模式下，在指定了光圈及 ISO 感光度数值后，可根据不同的测光模式确定快门速度值，以满足准确曝光的需求。因此，选择一个合适的测光模式，是获得准确曝光的重要前提。

▶ 操作方法

按下 i 按钮显示常用设定菜单，使用多重选择器选择测光选项，然后转动主指令拨盘选择所需的测光模式。也可以使用点击屏幕的方式进行操作

矩阵测光模式 ▣

使用矩阵测光模式测光时，Nikon Z7 在测量所拍摄的场景时，不仅仅只针对亮度、对比度进行测量，同时还把色彩、构图以及与拍摄对象之间的距离等因素也考虑在内，然后调用内置数据库资料进行智能化的场景分析，以保证得到最佳的测光结果。

在主体和背景明暗反差不大时，使用矩阵测光模式一般可以获得准确曝光，此模式最适合拍摄日常及风光题材的照片。

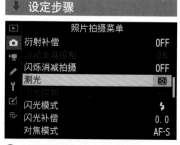

❶ 在**照片拍摄**菜单，选择**测光**选项

❷ 点击选择所需的测光模式

▲ 在顺光下，整个场景的光线比较均匀，选择矩阵测光模式能使画面获得准确的曝光『焦距：24mm ┆ 光圈：F8 ┆ 快门速度：1/1000s ┆ 感光度：ISO100』

中央重点测光模式 ◉

在此测光模式下，虽然相机对整个画面进行测光，但将较大权重分配给位于画面中央且直径为 12mm 的圆形区域。例如，当 Nikon Z7 在测光后认为，画面中央位置的对象合适的曝光组合是 F8、1/320s，而其他区域正确的曝光组合是 F4、1/200s，由于位于中央位置对象的测光权重较大，因此最终相机确定的曝光组合可能会是 F5.6、1/320s，以优先照顾位于画面中央位置对象的曝光。

由于测光时能够兼顾其他区域的亮度，因此该模式既能实现画面中央区域的精准曝光，又能保留部分背景的细节。这种测光模式适合拍摄主体位于画面中央主要位置的场景，如人像、建筑物等。

▲ 人物处于画面的中心位置，使用中央重点测光可以使画面测光更准确，人物面部的皮肤显得更加白皙『焦距：35mm ┆光圈：F3.2 ┆快门速度：1/320s ┆感光度：ISO200』

亮部重点测光模式 ⊡*

在亮部重点测光模式下，相机将针对亮部重点测光，优先保证被摄对象的亮部曝光是正确的，在拍摄如舞台上聚光灯下的演员、直射光线下浅色的对象时，使用此测光模式能够获得很好的曝光效果。

▶ 在拍摄 T 台走秀的照片时，使用亮部重点测光模式可以保证明亮的部分有丰富的细节『焦距：28mm ┆光圈：F3.5 ┆快门速度：1/125s ┆感光度：ISO500』

点测光模式 ⊡

点测光是一种高级测光模式，相机只对以当前所选对焦点为中心约 4mm 的圈进行测光（约占画面比例的 1.5%），因此具有相当高的准确性。当主体和背景的亮度差异较大时，最适合使用点测光模式进行拍摄。

由于点测光的测光面积非常小，在实际使用时，一定要准确地将测光点（即对焦点）对准在要测光的对象上。这种测光模式是拍摄剪影照片的最佳测光模式。

此外，在拍摄人像时也常采用这种测光模式，将测光点对准在人物的面部或其他皮肤位置，即可使人物的皮肤获得准确曝光。

▶ 使用点测光针对天空的中灰部进行测光，导致人物因曝光不足而呈剪影效果，在暖色天空的衬托下，显得更加简洁、生动『焦距：70mm ¦ 光圈：F8 ¦ 快门速度：1/500s ¦ 感光度：ISO200』

改变中央重点测光区域大小

在使用中央重点测光模式测光时，重点测光区域圆的直径是可以修改的，从而改变测光面积。

可以通过"自定义设定"菜单中的"b3 中央重点区域"选项来设置中央重点测光区域的大小，可以将该测光区域圆的直径设为"φ12mm"或"全画面平均"。

❶ 进入**自定义设定**菜单，选择 b **测光/曝光**中的 b3 **中央重点区域**选项

❷ 点击选择 12mm 或**全画面平均**选项

微调优化曝光

在摄影追求个性化的今天，有一些摄影师特别偏爱过曝或欠曝的照片，在他们的作品中几乎看不到正常曝光的画面。在 Nikon Z7 中，可利用"微调优化曝光"菜单设置针对每一张照片都增加或减少的曝光补偿值。例如，可以设置拍摄过程中只要相机使用了矩阵测光模式，则每张照片均在正常测光值的基础上再增加一定数值的正向曝光补偿。

该菜单包含"矩阵测光""中央重点测光""点测光""亮部重点测光"4 个选项。对于每种测光模式，均可在 –1EV~ +1EV 之间以 1/6EV 步长为增量进行微调。

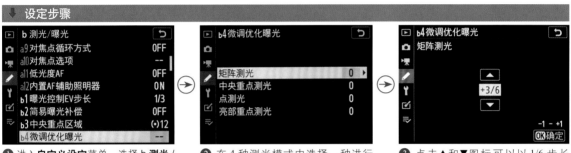

❶ 进入**自定义设定**菜单，选择 b **测光 /曝光**中的 b4 **微调优化曝光**选项

❷ 在 4 种测光模式中选择一种进行微调

❸ 点击▲和▼图标可以以 1/6 步长为增量选择不同的数值，然后点击 **OK确定**图标确认

高手点拨： 可以根据自己的喜好来修改不同测光模式下需要增加或减少的曝光量。例如，在使用矩阵测光模式拍摄风光时，为了获得较浓郁的画面色彩，并在一定程度上避免曝光过度，通常会在正常测光值的基础上降低 0.3~0.7 挡曝光补偿，此时可以使用此功能进行永久性的设置，而不用每次使用该测光模式时都要重新设置曝光补偿。

第4章
活用曝光模式拍出好照片

自动曝光模式

自动曝光模式在 Nikon Z7 相机的模式拨盘上显示为 AUTO。在光线充足的情况下，使用该模式可以拍出效果不错的照片。在自动曝光模式下，曝光和其他相关参数由相机按预定程序自主控制，可以快速进入拍摄状态，操作简单，在多数情况下都能拍出有一定水准的照片，可满足家庭用户日常拍摄需求，尤其适合抓拍突发事件等。

▶ 设定方法

按下模式拨盘锁定解除按钮并同时转动模式拨盘，使自动模式图标 AUTO 对准右侧白色标志线处，即为自动曝光模式

高手点拨： Nikon Z7相机的所有曝光模式在拍摄照片时，都可以触摸快门拍摄。点击屏幕左上方的触控快门图标，使其变为对焦并拍摄状态，当触控快门启用时，点击屏幕上的人脸或被摄物体，相机会以所设的自动对焦方式对所点的位置进行对焦，保持手指触摸屏幕可以锁定对焦，当抬起手指后，相机则会进行拍摄。若触控快门图标为 AF 状态，则触摸屏幕上的对象时，可以进行自动对焦操作，但在抬起手指后，相机不会自动拍摄，仍需按下快门按钮拍摄。

▲ 在光线条件不错的情况下，使用自动曝光模式也能拍出不错的照片 『焦距：24mm ┆ 光圈：F8 ┆ 快门速度：1/200s ┆ 感光度：ISO100』

▲ 红框所示的便是触控快门启用的状态

灵活使用高级曝光模式

　　Nikon Z7 为希望自主控制画面效果的摄影师提供了程序自动、光圈优先、快门优先、B 门以及全手动 5 种高级曝光模式，灵活地运用这 5 种高级曝光模式，几乎能够拍摄所有的常见题材。

程序自动模式（P）

　　程序自动模式在 Nikon Z7 的模式拨盘及显示屏上显示为"P"。

　　使用这种曝光模式拍摄时，光圈和快门速度由相机自动控制，相机会自动给出不同的曝光组合，此时转动主指令拨盘可以在相机给出的曝光组合中进行自由选择。除此之外，白平衡、ISO 感光度、曝光补偿等参数也可以人为进行手动控制。

　　通过对这些参数进行不同的设置，拍摄者可以得到不同效果的照片，而且不用自己去考虑光圈和快门速度的数值就能够获得较为准确的曝光。程序自动模式常用于拍摄新闻、纪实等需要抓拍的题材。

　　在实际拍摄时，向右旋转主指令拨盘可获得模糊背景细节的大光圈(低 F 值)或"锁定"动作的高速快门曝光组合；向左旋转主指令拨盘可获得增加景深的小光圈（高 F 值）或模糊动作的低速快门曝光组合。此时在相机屏幕上的模式图标边显示＊图标。

▶ 操作方法
按下模式拨盘锁定解除按钮并同时转动模式拨盘，使 P 图标对准右侧白色标志线处，即为程序自动曝光模式。在程序自动曝光模式下可以转动主指令拨盘选择所需的曝光组合

　　Q：什么是等效曝光?

　　A：下面我们通过一个拍摄案例来说明这个概念。例如，摄影师在使用 P 挡程序自动模式拍摄一张人像照片时，相机给出的快门速度为 1/60s，光圈为 F8，但摄影师希望采用更大的光圈，以便提高快门速度。此时就可以向右转动主指令拨盘，将光圈增加至 F4，即将光圈调大 2 挡，而在 P 挡程序自动模式下就能够使快门速度也提高 2 挡，从而达到 1/250s。1/60s、F8 与 1/250s、F4 这两组快门速度与光圈组合虽然不同，但可以得到完全相同的曝光效果，这就是等效曝光。

 高手点拨：相机自动选择的曝光设置未必是最佳组合。例如，摄影师可能认为按此快门速度手持拍摄不够稳定，或者希望用更大的光圈。此时，可以利用 Nikon Z7 的柔性程序，即在 P 模式下，在保持测定的曝光值不变的情况下，可通过转动主指令拨盘来改变光圈和快门速度组合（即等效曝光）。

◀ 用程序自动模式来抓拍农家最真实的生活环境，画面给人一种情真意切的感觉【焦距：50mm ┆光圈：F3.2 ┆快门速度：1/80s ┆感光度：ISO100】

快门优先模式（S）

在快门优先模式下，用户可以转动主指令拨盘从1/8000~30s之间选择所需快门速度，然后相机会自动计算光圈的大小，以获得正确的曝光。

在拍摄时，快门速度需要根据被摄对象的运动速度及照片的表现形式（即凝固瞬间的清晰还是带有动感的模糊）来确定。要定格运动对象的瞬间，应该用高速快门；反之，如果希望使运动对象在画面中表现为模糊的线条，应该使用低速快门。

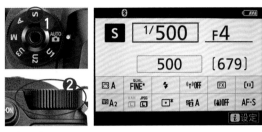

▶ 操作方法

按下模式拨盘锁定解除按钮并同时转动模式拨盘，使 S 图标对准右侧白色标志线处，即为快门优先曝光模式。在快门优先曝光模式下，转动主指令拨盘可选择不同的快门速度值

▼ 使用不同的快门速度拍摄海边的浪花，获得了不同的效果

『焦距：200mm ┊ 光圈：F9 ┊ 快门速度：1/800s ┊ 感光度：ISO320』

『焦距：35mm ┊ 光圈：F5 ┊ 快门速度：1/2s ┊ 感光度：ISO200』

『焦距：24mm ┊ 光圈：F8 ┊ 快门速度：5s ┊ 感光度：ISO200』

光圈优先模式（A）

使用光圈优先模式拍摄时，摄影师可以旋转副指令拨盘从镜头的最小光圈到最大光圈之间选择所需光圈，相机会根据当前设置的光圈大小自动计算出合适的快门速度值。

光圈优先是摄影中使用最多的一种拍摄模式，在 Nikon Z7 的模式拨盘及显示屏上显示为"A"。使用该模式拍摄的最大优势是可以控制画面的景深，为了获得更准确的曝光效果，经常和曝光补偿配合使用。

📷 **高手点拨**：使用光圈优先模式拍摄照片时，可以使用以下两个技巧：①当光圈过大而导致快门速度超出了相机极限时，如果仍然希望保持该光圈，可以尝试降低ISO感光度的数值，或使用中灰滤镜降低光线的进入量，以保证曝光准确；②为了得到大景深而使用小光圈时，应该注意快门速度不能低于安全快门速度。

▶ 操作方法

按下模式拨盘锁定解除按钮并同时转动模式拨盘，使 A 图标对准右侧白色标志线处，即为光圈优先曝光模式。在光圈优先曝光模式下，转动副指令拨盘可选择不同的光圈值

◀ 在光圈优先模式下，为了保证画面有足够大的景深，而使用小光圈拍摄的花海『焦距：18mm ┊ 光圈：F10 ┊ 快门速度：1/320s ┊ 感光度：ISO100』

◀ 使用光圈优先模式并配合大光圈的运用，可以得到非常漂亮的背景虚化效果『焦距：50mm ┊ 光圈：F3.2 ┊ 快门速度：1/500s ┊ 感光度：ISO100』

手动模式（M）

在手动模式下，相机的所有智能分析、计算功能将不工作，所有拍摄参数都由摄影师手动进行设置。使用 M 挡手动模式拍摄有以下优点。

首先，使用 M 挡手动模式拍摄时，当摄影师设置好恰当的光圈、快门速度的数值后，即使移动镜头进行再次构图，光圈与快门速度的数值也不会发生变化，这一点不像其他曝光模式，在测光后需要进行曝光锁定，才可以进行再次构图。

其次，使用其他曝光模式拍摄时，往往需要根据场景的亮度，在测光后进行曝光补偿操作；而在 M 挡手动模式下，由于光圈与快门速度的数值都由摄影师来设定，因此设定的同时就可以将曝光补偿考虑在内，从而省略了曝光补偿的设置过程。因此，在手动模式下，摄影师可以按自己的想法让影像曝光不足，以使照片显得较暗，给人忧伤的感觉；或者让影像稍微过曝，以拍摄出明快的高调照片。

再次，在摄影棚使用频闪灯或外置的非专用闪光灯拍摄时，由于无法使用相机的测光系统，而需要使用闪光灯测光表或通过手动计算来确定正确的曝光值，此时就需要手动设置光圈和快门速度，从而获得正确的曝光。

▶ 操作方法

按下模式拨盘锁定解除按钮并同时转动模式拨盘，使 M 图标对准右侧白色标志线处，即为手动曝光模式。在 M 手动模式下，转动主指令拨盘可选择不同的快门速度，转动副指令拨盘可选择不同的光圈值

◀ 在影棚内拍摄时，由于光线、背景不变，所以使用 M 挡全手动模式并设置好曝光参数后，就可以把注意力集中在两位宝宝的动作和表情上，拍摄将变得更加轻松、自如『焦距：85mm ┊ 光圈：F7.1 ┊ 快门速度：1/250s ┊ 感光度：ISO100』

使用 M 挡手动模式拍摄时，显示屏和取景器中的电子模拟曝光显示可反映出照片在当前设定下的曝光情况。根据在"自定义设定"菜单中选择的"b1曝光控制 EV 步长"选项的不同，曝光不足或曝光过度的量将以 1/3EV、1/2EV、1EV 增量进行显示。如果超过曝光测光系统的限制，该显示将会闪烁。

 高手点拨：为了避免出现曝光不足或曝光过度的问题， Nikon Z7相机提供了提醒功能，即在曝光不足或曝光过度时，可以在取景器或显示屏中显示曝光提示。

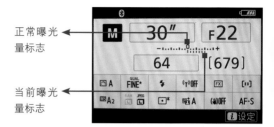

正常曝光量标志

当前曝光量标志

▲ 在改变光圈或快门速度时，当前曝光量标志会左右移动，当其位于标准曝光量标志的位置时，就能获得相对准确的曝光

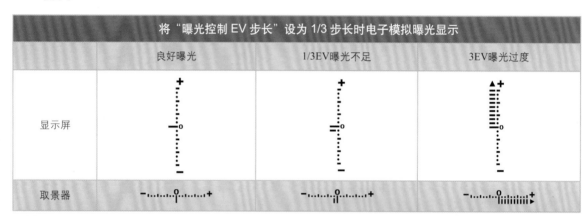

将"曝光控制 EV 步长"设为 1/3 步长时电子模拟曝光显示		
良好曝光	1/3EV曝光不足	3EV曝光过度
显示屏		
取景器		

▲ 使用 M 挡手动模式拍摄的风景照片，拍摄时不用考虑曝光补偿，也不用考虑曝光锁定，让电子模拟曝光显示中的光标对准"0"位置，就能获得准确曝光『焦距：24mm ┆光圈：F18 ┆快门速度：1/50s ┆感光度：ISO100』

B 门模式

使用 B 门模式拍摄时，持续地完全按下快门按钮将使快门一直处于打开状态，直到松开快门按钮时快门被关闭，即完成整个曝光过程，因此曝光时间取决于快门按钮被按下与被释放的过程。

由于使用这种曝光模式拍摄时，可以持续地长时间曝光，因此特别适合拍摄光绘、天体、焰火等需要长时间曝光并手动控制曝光时间的题材。

需要注意的是，使用 B 门模式拍摄时，为了避免所拍摄的照片模糊，应该使用三脚架及遥控快门线辅助拍摄，若不具备条件，至少也要将相机放置在平稳的水平面上。

▶ 操作方法

先将曝光模式设置为 M 挡全手动模式，然后向左转动主指令拨盘直至显示屏显示的快门速度为 Bulb（B 门）或 Tim（遥控 B 门）

高手点拨：在使用B门模式且未使用遥控器拍摄时，在"自定义设定"菜单中将"d4 曝光延迟模式"设置为"2秒"，这样会使摄影师在按下快门释放按钮后，延迟快门释放约2秒，以避免因为按下快门按钮时使机身抖动而导致照片模糊。

高手点拨：Tim（遥控B门）的工作模式是按下快门释放按钮时曝光开始，再次按下快门释放按钮时曝光结束。支持使用另购的无线遥控器遥控拍摄。

设定步骤

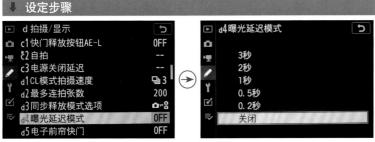

❶ 进入**自定义设定**菜单，选择 d **拍摄/显示**中的 d4 **曝光延迟模式**选项

❷ 点击可选择不同的曝光延迟时间，或关闭曝光延迟模式

使用 B 门模式拍摄夜幕下的城市烟花表演，将绽放的烟花定格在空中，加上璀璨的城市灯光，画面显得很夺目『焦距：24mm ┆光圈：F20 ┆快门速度：20s ┆感光度：ISO100』

第5章

拍出佳片必须掌握的
高级曝光技巧

通过直方图判断曝光是否准确

直方图的作用

直方图是相机曝光所捕获的影像色彩或影调的信息，是一种反映照片曝光情况的图示。

通过查看直方图所呈现的效果，可以帮助拍摄者判断曝光情况，并以此做出相应调整，以得到最佳曝光效果。另外，在拍摄时，通过直方图可以检测画面的成像效果，给拍摄者提供重要的曝光信息。

很多摄影爱好者都会陷入这样一个误区，显示屏上的影像很棒，便以为真正的曝光效果也会不错，但事实并非如此。

这是由于很多相机的显示屏还处于出厂时的默认状态，显示屏的对比度和亮度都比较高，令摄影师误以为拍摄到的影像很漂亮，倘若不看直方图，往往会感觉照片曝光正合适，但在电脑屏幕上观看时，却发现拍摄时感觉还不错的照片，暗部层次却丢失了，即使是使用后期处理软件挽回部分细节，效果也不是太好。

因此在拍摄时要随时查看照片的直方图，这是唯一值得信赖的判断曝光是否正确的依据。

▲ 拍摄偏高调的照片时，利用直方图能够准确判断画面是否过曝『焦距：70mm ┊ 光圈：F14 ┊ 快门速度：1/800s ┊ 感光度：ISO400』

▶ 操作方法

在机身上按下 ▶ 按钮播放照片，按下▼或▲方向键切换到概览数据或 RGB 直方图界面

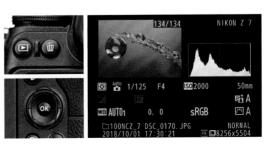

利用柱状图分区判断曝光情况

下面这张图标示出了柱状图每个分区和图像亮度之间的关系，像素堆积在左侧或者右侧的边缘意味着部分图像是超出柱状图范围的。其中右侧边缘出现黑色线条表示照片中有部分像素曝光过度，摄影师需要根据情况调整曝光参数，以避免照片中出现大面积曝光过度的区域。如果第8分区或者更高的分区有大量黑色线条，代表图像有较亮的高光区域，而且这些区域是有细节的。

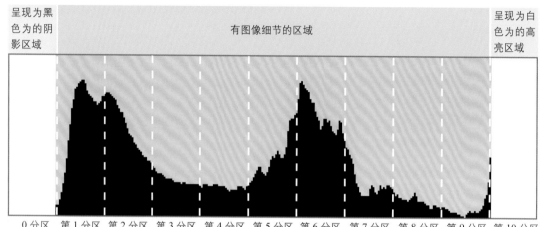

数码相机的区域系统

分区序号	说明	分区序号	说明
0分区	黑色	第6分区	色调较亮，色彩柔和
第1分区	接近黑色	第7分区	明亮、有质感，但是色彩有些苍白
第2分区	有些许细节	第8分区	有少许细节，但基本上呈模糊苍白的状态
第3分区	灰暗、细节呈现效果不错，但是色彩比较模糊	第9分区	接近白色
第4分区	色调和色彩都比较暗	第10分区	纯白色
第5分区	中间色调、中间色彩		

▲ 柱状图分区说明表

要注意的是，第0分区和第10分区分别指黑色和白色，虽然大小与第1~9区相同，但实际上它只是代表直方图最左边（黑色）和最右边（白色）。

在相机中查看直方图

直方图的横轴表示亮度等级（从左至右分别对应黑与白），纵轴表示图像中各种亮度像素数量的多少，峰值越高，则表示这个亮度的像素数量就越多。

所以，拍摄者可通过观看直方图的显示状态来判断照片的曝光情况，若出现曝光不足或曝光过度，调整曝光参数后再进行拍摄，即可获得一张曝光准确的照片。

当曝光过度时，照片上会出现死白的区域，画面中的很多细节都丢失了，反映在直方图上就是像素主要集中于横轴的右端（最亮处），并出现像素溢出现象，即高光溢出，而左侧较暗的区域则无像素分布，故该照片在后期无法补救。

当曝光准确时，照片影调较为均匀，且高光、暗部或阴影处均无细节丢失，反映在直方图上就是在整个横轴上从最黑的左端到最白的右端都有像素分布，后期可调整余地较大。

当曝光不足时，照片上会出现无细节的死黑区域，画面中丢失了过多的暗部细节，反映在直方图上就是像素主要集中于横轴的左端（最暗处），并出现像素溢出现象，即暗部溢出，而右侧较亮区域少有像素分布，故该照片在后期也无法补救。

『焦距：180mm ｜光圈：F5.6 ｜快门速度：1/500s ｜感光度：ISO100』

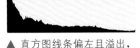

▲ 直方图线条偏左且溢出，代表画面曝光不足

▲ 直方图右侧溢出，代表画面中高光处曝光过度

▲ 曝光正常的直方图，画面明暗适中，色调分布均匀

在使用直方图判断照片的曝光情况时，不可死搬硬套前面所讲述的理论，因为高调或低调照片的直方图看上去与曝光过度或曝光不足照片的直方图很像，但照片并非曝光过度或曝光不足，这一点从下面展示的两张照片及其相应的直方图中就可以看出来。

因此，检查直方图后，要视具体拍摄题材和所要表现的画面效果灵活调整曝光参数。

▲ 拍摄的带有大面积积雪的画面，直方图中的线条主要分布在右侧，但这幅作品是典型的高调效果，所以应与其他曝光过度照片的直方图区别看待『焦距：18mm ┊光圈：F16 ┊快门速度：1/100s ┊感光度：ISO400』

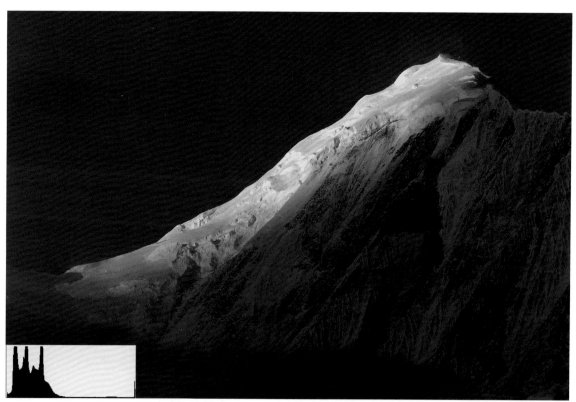

▲ 这是一幅典型的低调效果照片，画面中暗调面积较大，直方图中的线条主要分布在左侧，但这是摄影师刻意追求的效果，与曝光不足有本质上的不同『焦距：200mm ┊光圈：F8 ┊快门速度：1/400s ┊感光度：ISO100』

设置曝光补偿让曝光更准确

曝光补偿的含义

相机的测光原理是基于 18% 中性灰建立的，由于数码相机的测光主要是由场景物体的平均反光率确定的。因为除了反光率比较高的场景（如雪景、云景）及反光率比较低的场景（如煤矿、夜景），其他大部分场景的平均反光率都在 18% 左右，而这一数值正是灰度为 18% 物体的反光率。因此，可以简单地将测光原理理解为：当所拍摄场景中被摄物体的反光率接近于 18% 时，相机就会做出正确的测光。

所以，在拍摄一些极端环境，如较亮的白雪场景或较暗的弱光环境时，相机的测光结果就是错误的，此时就需要摄影师通过调整曝光补偿来得到正确的拍摄结果。

通过调整曝光补偿数值，可以改变照片的曝光效果，从而使拍摄出来的照片传达出摄影师的表现意图。例如，通过增加曝光补偿，使照片轻微曝光过度以得到柔和的色彩与浅淡的阴影，使照片有轻快、明亮的效果；或者通过减少曝光补偿，使照片变得阴暗。

在拍摄时，是否能够主动运用曝光补偿技术，是判断一位摄影师是否真正理解摄影的光影奥秘的标志之一。

曝光补偿通常用类似"±nEV"的方式来表示。"EV"是指曝光值，"+1EV"是指在自动曝光的基础上增加 1 挡曝光；"-1EV"是指在自动曝光的基础上减少 1 挡曝光，依此类推。Nikon Z7 的曝光补偿范围为 -5.0~+5.0EV，可以以 1/3EV 为单位对曝光进行调整。

▶ 操作方法
按住 🔳 按钮并同时转动主指令拨盘即可调整曝光补偿数值

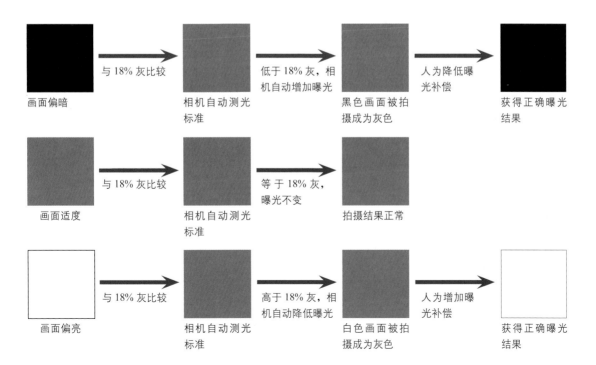

画面偏暗 → 与 18% 灰比较 → 相机自动测光标准 → 低于 18% 灰，相机自动增加曝光 → 黑色画面被拍摄成为灰色 → 人为降低曝光补偿 → 获得正确曝光结果

画面适度 → 与 18% 灰比较 → 相机自动测光标准 → 等于 18% 灰，曝光不变 → 拍摄结果正常

画面偏亮 → 与 18% 灰比较 → 相机自动测光标准 → 高于 18% 灰，相机自动降低曝光 → 白色画面被拍摄成为灰色 → 人为增加曝光补偿 → 获得正确曝光结果

曝光补偿的调整原则

设置曝光补偿时应当遵循"白加黑减"的原则，例如，在拍摄雪景的时候一般要增加1~2挡曝光补偿，这样拍出的雪要白亮很多，更加接近人眼的观察效果；而在被摄主体位于黑色背景前或拍摄颜色比较深的景物时，应该减少曝光补偿，以获得较理想的画面效果。

除此之外，还要根据所拍摄场景中亮调与暗调所占的面积来确定曝光补偿的数值，亮调所占的面积越大，设置的正向曝光补偿值就应该越大；反之，如果暗调所占的面积越大，则设置的负向曝光补偿值就应该越大。

▲ 虽然这幅作品的主体是动物，但大面积的积雪却是主色调，拍摄时增加两挡曝光补偿使积雪显得更洁净，以突出在黄金分割点上的动物『焦距：60mm┆光圈：F7.1┆快门速度：1/500s┆感光度：ISO100』

▼ 在拍摄类似这幅照片的低调作品时，适当地降低曝光补偿可以渲染画面气氛，使作品更具视觉冲击力『焦距：17mm┆光圈：F13┆快门速度：2s┆感光度：ISO100』

正确理解曝光补偿

许多摄影初学者在刚接触曝光补偿时，以为使用曝光补偿可以在曝光参数不变的情况下，提亮或加暗画面，这实际上是错误的。

实际上，曝光补偿是通过改变光圈或快门速度来提亮或加暗画面的，即在光圈优先曝光模式下，如果增加曝光补偿，相机实际上是通过降低快门速度来实现的；反之，则通过提高快门速度来实现。在快门优先曝光模式下，如果增加曝光补偿，相机实际上是通过增大光圈来实现的（当光圈达到镜头所标示的最大光圈时，曝光补偿就不再起作用）；反之，则通过缩小光圈来实现。

下面通过两组照片及其拍摄参数来佐证这一点。

▲ 焦距：50mm 光圈：F3.2 快门速度：1/8s 感光度：ISO100 曝光补偿：-0.3

▲ 焦距：50mm 光圈：F3.2 快门速度：1/6s 感光度：ISO100 曝光补偿：0

▲ 焦距：50mm 光圈：F3.2 快门速度：1/4s 感光度：ISO100 曝光补偿：+0.3

▲ 焦距：50mm 光圈：F3.2 快门速度：1/2s 感光度：ISO100 曝光补偿：+0.7

从上面展示的 4 张照片中可以看出，在光圈优先曝光模式下，改变曝光补偿实际上是改变了快门速度。

▲ 焦距：50mm 光圈：F4 快门速度：1/4s 感光度：ISO100 曝光补偿：-0.3

▲ 焦距：50mm 光圈：F3.5 快门速度：1/4s 感光度：ISO100 曝光补偿：0

▲ 焦距：50mm 光圈：F3.2 快门速度：1/4s 感光度：ISO100 曝光补偿：+0.3

▲ 焦距：50mm 光圈：F2.5 快门速度：1/4s 感光度：ISO100 曝光补偿：+0.7

从上面展示的 4 张照片中可以看出，在快门优先曝光模式下，改变曝光补偿实际上是改变了光圈大小。

Nikon Z7

Q：为什么有时即使不断增加曝光补偿，所拍摄出来的画面仍然没有变化？

A：发生这种情况，通常是由于曝光组合中的光圈值已经达到了镜头的最大光圈导致的。

设置包围曝光

包围曝光是一种安全的曝光方法，因为使用这种曝光方法一次能够拍摄出三张不同曝光量的照片，实际上就是多拍精选，如果自身技术水平有限、拍摄的场景光线复杂且要求一定的拍摄成功率，建议多用这种曝光方法。

包围曝光功能及设置

使用 Nikon Z7 可以实现自动曝光包围、白平衡包围、闪光包围以及动态 D-Lighting 包围，这些包围功能可以极大地提高拍摄的成功率，而这些包围功能可以通过"自动包围设定"菜单来控制。

当选择完包围功能后，在"拍摄张数"和"增量"选项中，设置该包围曝光下的拍摄数量和包围增量。以最常用的自动曝光包围为例，当将其拍摄张数设置为 3F，增量设置为 1.0 时，即分别拍摄减少一挡曝光、正常曝光和增加一挡曝光的 3 张照片。如果要取消包围曝光功能，将"拍摄张数"选项设置为 0 即可。

 设定步骤

  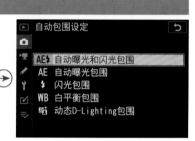

❶ 在**照片拍摄**菜单中点击选择**自动包围**选项

❷ 点击可选择**自动包围设定**选项

❸ 点击选择一种自动包围方式

 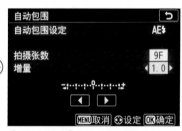

❹ 若在步骤❷中选择了**拍摄张数**选项，点击◀和▶图标选择张数选项

❺ 若在步骤❷中选择了**增量**选项，点击◀和▶图标选择所需的增量选项，一切设置完毕后，点击 **OK确定** 图标确认

▼ 在不确定要增加曝光还是减少曝光的情况下，可以设置 ±0.3EV 的包围曝光，连续拍摄得到 3 张曝光量分别为 +0.3EV、−0.3EV、0EV 的照片，其中 −0.3EV 的效果明显更好一些，在细节和曝光方面获得了较好的平衡

为合成 HDR 照片拍摄素材

对于风光、建筑等题材而言，可以使用包围曝光功能拍摄出不同曝光结果的照片，并进行后期的 HDR 合成，从而得到高光、中间调及暗调都具有丰富细节的照片。

–2.00 EV

–1.00 EV

+1.00 EV

+0.00 EV

 高手点拨：在风光摄影中，可以使用这种方法先获得不同区域准确曝光的照片，然后在后期处理软件中进行HDR合成，最后可以得到高光、中间调及暗调细节都丰富的照片。

使用 CameraRaw 合成 HDR 照片

在本例中，由于环境的光比较大，因此拍摄了 4 张不同曝光的 RAW 格式照片，以分别显示出高光、中间调及暗部的细节，这是合成 HDR 照片的必要前提，会对合成结果产生很大的影响，而且 RAW 本身具有极高的宽容度，能够合成出更好的 HDR 效果，然后只需要按部就班的在 Adobe CameraRAW 中进行合成并调整即可。

▲ 选择"合并到 HDR"命令

❶ 在PHotoshop中打开要合成HDR的4幅照片，以启动CameraRaw软件。

❷ 在左侧列表中选中任意一张照片，按Ctrl+A键选中所有的照片。按Alt+M键，或单击列表右上角的菜单按钮☰，在弹出的菜单中选择"合并到HDR"命令。

❸ 在经过一定的处理过程后，将显示"HDR合并预览"对话框，通常情况下，以默认参数进行处理即可。

❹ 单击"合并"按钮，在弹出的对话框中选择文件保存的位置，并以默认的DNG格式进行保存，保存后的文件会与之前的素材一起，显示在左侧的列表中。

❺ 至此，HDR合成就已经完成，用户可根据需要，在其中适当调整曝光及色彩等属性，直至满意为止。

▲ "HDR 合并预览"对话框

自动包围（M 模式）

在 M 手动模式下，将"自动包围设定"选项选择为"自动曝光和闪光包围"或"自动曝光包围"时，可以在此菜单中设置在进行包围曝光拍摄时，相机通过改变哪些参数来完成照片的曝光差异。

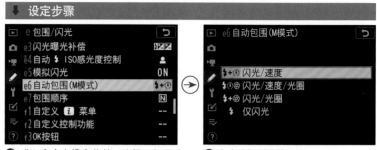

❶ 进入**自定义设定**菜单，选择 e **包围/闪光**中的 e6 **自动包围（M 模式）**选项

❷ 点击选择所需的选项

● 闪光 / 速度：选择此选项，在"自动曝光包围"模式下，相机改变快门速度来完成包围照片的曝光差异；在"自动曝光和闪光包围"模式下，相机则改变快门速度和闪光级别来完成包围照片的曝光差异。

● 闪光 / 速度 / 光圈：选择此选项，在"自动曝光包围"模式下，相机改变快门速度和光圈来完成包围照片的曝光差异；在"自动曝光和闪光包围"模式下，相机则改变快门速度、光圈和闪光级别来完成包围照片的曝光差异。

● 闪光 / 光圈：选择此选项，在"自动曝光包围"模式下，相机改变光圈来完成包围照片的曝光差异；在"自动曝光和闪光包围"模式下，相机则改变光圈和闪光级别来完成包围照片的曝光差异。

● 仅闪光：选择此选项，在"自动曝光和闪光包围"模式下，相机仅改变闪光级别来完成包围照片的曝光差异。

设置包围曝光顺序

"包围曝光顺序"菜单用于设置自动包围曝光时曝光的顺序。选择一种顺序之后，拍摄时将按照这一顺序进行拍摄。在实际拍摄中，更改包围曝光顺序并不会对拍摄结果产生影响，用户可以根据自己的习惯进行调整。

该设定对动态 D-Lighting 包围没有影响。

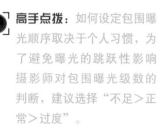

高手点拨：如何设定包围曝光顺序取决于个人习惯，为了避免曝光的跳跃性影响摄影师对包围曝光级数的判断，建议选择"不足＞正常＞过度"。

❶ 进入**自定义设定**菜单，选择 e **包围/闪光**中的 e7 **包围顺序**选项

❷ 点击选择一种包围曝光的顺序

● 正常＞不足＞过度：选择此选项，相机会按照第一张标准曝光量、第二张减少曝光量、第三张增加曝光量的顺序进行拍摄。

● 不足＞正常＞过度：选择此选项，相机会按照第一张减少曝光量、第二张标准曝光量、第三张增加曝光量的顺序进行拍摄。

曝光锁定

　　曝光锁定，顾名思义是指将画面中某个特定区域的曝光值锁定，并以此曝光值对场景进行曝光。当光线复杂而主体不在画面中央位置的时候，需要先对主体进行测光，然后将曝光值锁定，再进行重新构图和拍摄。下面以拍摄人像为例讲解其操作方法。

　　❶ 使用长焦镜头或者靠近人物，使人物脸部充满画面，半按快门得到曝光参数，按下副选择器中央，这时相机上会显示 AE-L 指示标记，表示此时的曝光已被锁定。

　　❷ 保持按住副选择器中央的状态，通过改变相机的焦距或者改变和被摄者之间的距离进行重新构图后，半按快门对人物眼部对焦，合焦后完全按下快门完成拍摄。

　　在默认设置下，只有保持按下副选择器中央才锁定曝光，在重新构图时有时候显得不方便，此时可以在"自定义控制功能"菜单中，将"副选择器中央"的功能指定为"AE 锁定（保持）"或"AE 锁定（快门释放时解除）"选项，这样就可以按下副选择器中央锁定曝光，当再次按下副选择器中央或快门释放时即解除锁定曝光，摄影师可以更灵活、方便地改变焦距构图或切换对焦点的位置。

▶ 操作方法
　　按下相机背面的副选择器中央即可锁定曝光

❶ 进入**自定义设定**菜单，点击选择 f **控制**中的 f2 **自定义控制功能**选项

❷ 点击选择⊛（副选择器中央）选项

❸ 点击选择 AE **锁定（保持）**或 AE **锁定（快门释放时解除）**选项，然后点击 OK确定 图标确定

▲ 先对人物的面部进行测光，锁定曝光并重新构图后再进行拍摄，从而保证面部获得正确的曝光『焦距：135mm ┊ 光圈：F4 ┊ 快门速度：1/400s ┊ 感光度：ISO100』

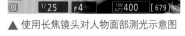

▲ 使用长焦镜头对人物面部测光示意图

利用多重曝光获得蒙太奇画面

利用 Nikon Z7 的"多重曝光"功能，可以进行 2~10 张照片的融合，即分别拍摄 2~10 张照片，然后相机会自动将其融合在一起。"多重曝光"功能可以帮助我们轻易地实现蒙太奇式的图像合成效果。

开启或关闭多重曝光

此菜单用于控制是否启用"多重曝光"功能。选择"关闭"选项将关闭此功能，选择"开启（一系列）"选项，则连续拍摄多组多重曝光照片，选择"开启（单张照片）"选项，则拍摄完一组多重曝光图像后会自动关闭"多重曝光"功能。

❶ 在**照片拍摄菜单**中点击选择**多重曝光**选项

❷ 点击选择**多重曝光模式**选项

❸ 点击选择一个选项即可

设置多重曝光次数

在此菜单中，可以设置多重曝光拍摄时的曝光次数，可以选择 2~10 张进行拍摄。通常情况下，2~3 次曝光就可以满足绝大部分的拍摄需求。

**高手点拨**：设置的张数越多，则合成的画面中产生的噪点也越多。

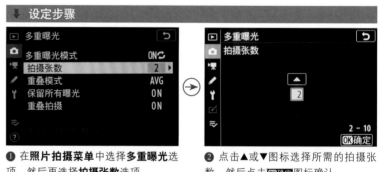

❶ 在**照片拍摄菜单**中选择**多重曝光**选项，然后再选择**拍摄张数**选项

❷ 点击▲或▼图标选择所需的拍摄张数，然后点击 OK确定 图标确认

改变多重曝光照片的叠加合成方式

在此菜单中可以选择合成多重曝光照片时的算法，包括"叠加""平均""亮化"和"暗化"4个选项。

● 叠加：选择此选项，则不作修改即合成曝光。

● 平均：选择此选项，曝光合成前，每次曝光的增益补偿为1除以所记录的总拍摄张数（如拍摄数量为 2 时，每张照片的增益补偿为 1/2；拍摄数量为 3 时，增益补偿为 1/3，依此类推）。

● 亮化：选择此选项，相机将比较每张照片中的像素，并使用最亮的像素。

● 暗化：选择此选项，相机将比较每张照片的像素，并使用最暗的像素。

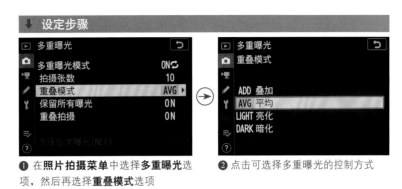

❶ 在**照片拍摄菜单**中选择**多重曝光**选项，然后再选择**重叠模式**选项　❷ 点击可选择多重曝光的控制方式

保留所有曝光

在此菜单中，可以设置是保留所拍摄一组多重曝光的每一张照片，还是仅保留最终合成多重曝光效果的一张照片。

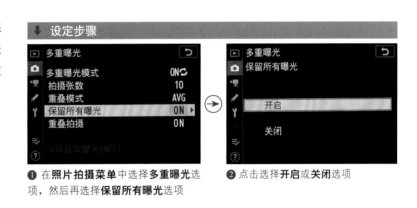

❶ 在**照片拍摄菜单**中选择**多重曝光**选项，然后再选择**保留所有曝光**选项　❷ 点击选择**开启**或**关闭**选项

重叠拍摄

在此菜单中，若选择了"开启"选项，则拍摄过程中先前的曝光会叠加到画面中。

❶ 在**照片拍摄菜单**中选择**多重曝光**选项，然后再选择**重叠拍摄**选项　❷ 点击选择**开启**或**关闭**选项

选择首次曝光（NEF）

在此菜单中，允许摄影师从存储卡中选择一张 NEF（RAW）照片，然后再通过拍摄的方式进行多重曝光，而选择的照片也会占用一次曝光次数。例如在设置曝光次数为 3 时，除了从存储卡中选择的照片外，还可以再拍摄两张照片用于多重曝光图像的合成。

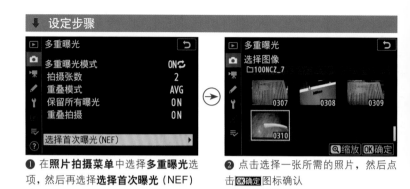

❶ 在**照片拍摄菜单**中选择**多重曝光**选项，然后再选择**选择首次曝光（NEF）**选项

❷ 点击选择一张所需的照片，然后点击 **OK确定** 图标确认

使用多重曝光拍摄明月

使用多重曝光功能拍摄月亮的方法如下。

❶ 将"多重曝光模式"设置为"开启（一系列）"或"开启（单张照片）"选项。

❷ 此次拍摄是将大月亮与广角的城市夜景合成多重曝光照片，因此将"拍摄张数"设置为 2 即可。

❸ 因为月亮较亮，因此需要保留月亮的亮部细节，所以将"重叠模式"设置为"亮化"选项。

❹ 设置完毕后，即可开始多重曝光拍摄。

❺ 第 1 张可以用镜头的中焦或广角端拍摄画面的全景，当然画面中不要出现月亮图像，但要为月亮图像保留一定的空白位置，然后以较长的曝光时间完成拍摄，以得到较为准确的曝光结果。

❻ 在拍摄第 2 张照片时，可以使用长焦镜头或变焦镜头的长焦端，对月亮进行构图并拍摄。当然，在构图的时候，要注意结合上一张照片的构图，将月亮安排在合适的位置，并重新调整曝光参数进行拍摄。

▲ 使用广角镜头拍摄大场景，第二次使用长焦镜头只对天空中的大月亮进行拍摄，但要控制月亮的大小，太大会显得不自然，而太小又失去了多重曝光的意义

利用动态 D-Lighting 使画面细节更丰富

在拍摄光比较大的画面时容易丢失细节，当亮部过亮、暗部过暗或明暗反差较大时，启用"动态 D-Lighting"功能可以进行不同程度的校正。

例如，在直射明亮阳光下拍摄时，拍出的照片中容易出现较暗的阴影与较亮的高光区域，启用"动态 D-Lighting"功能，可以确保所拍摄照片中的高光和阴影的细节不会丢失，因为此功能会使照片的曝光稍欠一些，有助于防止照片的高光区域完全变白而显示不出任何细节，同时还能够避免因为曝光不足而使阴影区域中的细节丢失。

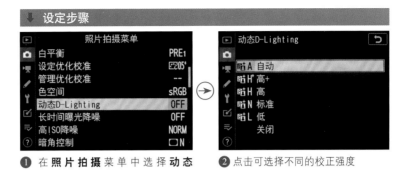

❶ 在 **照片拍摄** 菜 单 中 选 择 **动态 D-Lighting** 选项　　❷ 点击可选择不同的校正强度

该功能与矩阵测光模式一起使用时，效果最为明显。若选择了"自动"选项，相机将根据拍摄环境自动调整动态 D-Lighting。

▲ 通过对比开启和关闭"动态 D-Lighting"功能拍摄的照片可以看出，将"动态 D-Lighting"设为"高"拍摄的画面高光得到了抑制，阴影部分也得到了提亮『焦距：135mm ┊ 光圈：F2.8 ┊ 快门速度：1/400s ┊ 感光度：ISO100』

使用相机直接拍摄出精美的 HDR 照片

HDR（高动态范围）是 Nikon Z7 提供的一个非常实用的功能，其原理是通过连续拍摄两张增加曝光量及减少曝光量的图像，然后由相机进行高动态图像合成，从而获得暗调与高光区域都能均匀显示细节的照片。

↓ 设定步骤

❶ 在**照片拍摄**菜单中点击选择 HDR（**高动态范围**）选项

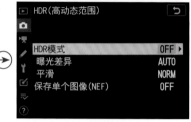

❷ 点击选择 HDR **模式**选项

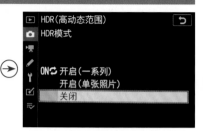

❸ 点击可选择是否启用 HDR 模式以及是否连续多次拍摄 HDR 照片

❹ 若在步骤❷中选择**曝光差异**选项，点击可以选择由相机自动或由拍摄者手动控制曝光差异

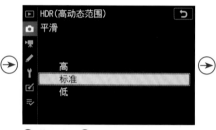

❺ 若在步骤❷中选择**平滑**选项，点击可以选择不同的平滑程度

❻ 若在步骤❷中选择**保存单个图像**（NEF）选项，点击选择是否要保存单个图像

● HDR 模式：用于设置是否开启及是否连续多次拍摄 HDR 照片。选择"开启（一系列）"选项，将一直保持 HDR 模式的打开状态，直至拍摄者手动将其关闭为止；选择"开启（单张照片）"选项，将在拍摄完成一张 HDR 照片后，自动关闭此功能；选择"关闭"选项，将禁用 HDR 拍摄模式。

● 曝光差异：选择"自动"选项，将由相机自动判断合适的动态范围，然后以适当的曝光增减量进行拍摄并合成；选择"1EV~3EV"选项，可以指定合成时的动态范围，即分别拍摄正常曝光量、增加和减少 1/2/3 挡曝光量的图像并进行合成。

● 平滑：用于控制两幅图像之间的平滑程度，数值越大，则生成的图像就越平滑，其中包括了"高""标准"和"低"3 个选项。选择"高"选项，可以获得更自然的过渡效果；选择"低"选项，可以获得较强的局部明暗对比效果，使被摄体边缘部位出现如绘画般的描边效果。

● 保存单个图像（NEF）：选择"开启"选项，则用于 HDR 图像合成的单张照片都将保存。无论将

图像品质和尺寸设置为何种选项，照片都将保存为大尺寸的 NEF（RAW）文件。选择"关闭"则不会保存单张照片，而只保存相机合成为 HDR 效果的照片。

Q：什么是 HDR 照片？

A：HDR 是英文 High-Dynamic Range 的缩写，意为"高动态范围"。在摄影中，高动态范围指的就是高宽容度，因此 HDR 照片就是具有高宽容度的照片。HDR 照片的典型特点是亮的地方非常亮、暗的地方非常暗，但无论是亮部还是暗部，都有很丰富的细节。使用普通的摄影手段无法拍摄出具有 HDR 特点的普通照片，但使用 Nikon Z7 相机则能够拍摄出具有 HDR 特点的照片。

Q：什么是 Dynamic Range（动态范围）？

A：动态范围是指一个场景的最亮和最暗部分之间的相对比值。

第6章

尼康 Z6/Z7 视频拍摄技巧

视频拍摄基础

视频格式标准

视频拍摄功能是数码相机的标准配置。现在许多数码相机不仅能够拍摄全高清视频，而且还能够动态追焦，使被摄对象在画面中始终保持清晰状态，Nikon Z7 便是一款搭载了强大视频拍摄功能的微单相机。它支持相机内 5 轴 VR 减震和电子 VR 减震、4K 全高清短片拍摄、慢动作视频以及 10 位 N-log 等特色功能。

在讲解如何使用 Nikon Z7 相机拍摄视频之前，有必要对视频的基本标准进行简单介绍，即标清、高清、全高清和 4K 超高清分别是什么意思。标清、高清与全高清和 4K 超高清的概念源于数字电视的工业标准，但随着使用摄像机、数码相机拍摄的视频逐渐增多，其渐渐已成为这两个行业的视频格式标准。

标清是指物理分辨率在 720P（1280×720）以下的一种视频格式，分辨率在 400 线左右的 VCD、DVD、电视节目等均属于"标清"格式视频。

物理分辨率达到 720P 以上的视频则称为高清，简称为 HD。高清的标准是视频垂直分辨率超过 720P 或 1080i，视频宽纵比为 16：9。

所谓全高清（FULL HD），是指物理分辨率达到 1920×1080 的视频（包括 1080i 和 1080P），其中 i（interlace）是指隔行扫描，P（Progressive）代表逐行扫描，这两者在画面的精细度上有着很大的差别，1080P 的画质要胜过 1080i。

4K 的分辨分为两种，一种是针对高清电视使用的 QFHD 标准，分辨率为 3840×2160，是全高清的四倍；还有一种是针对数字电影使用的 DCI 4K 标准，分辨率为 4096×2160。由于 4K 视频拥有超高分辨率，因而能比标准、高清或全高清视频获得更震撼的视觉感受。

拍摄视频短片的基本设备

存储卡

短片拍摄占据的存储空间比较大，尤其是拍摄 4K 超高清短片时，更需要大容量、高存储速度的存储卡。在使用 Nikon Z7 相机录制视频时，至少应该使用读写速度为 45MB/s（300×）或以上的存储卡，才能够进行正常的短片拍摄及回放，而且存储卡的容量越大越好。

镜头

与拍摄照片一样，拍摄短片时也可以更换镜头，尼康 Z、AF-S 系列的所有镜头均可用于短片拍摄，甚至更早期的手动镜头，只要它可以安装在 Nikon Z7 相机上，那么仍旧可以大显身手。

麦克风

如果录制的视频属于普通纪录性质，可以使用相机内置的麦克风。但如果希望收录噪音更小、音质更好的声音，需要使用专业的外接麦克风。

脚架

与专业的摄像设备相比，使用数码微单相机拍摄短片时最容易出现的一个问题，就是在手动变焦的时候容易引起画面的抖动，因此，一个坚固的三脚架是保证画面平稳不可或缺的器材。如果执着于使用相机拍摄短片，那么甚至可以购置一个质量好的视频控制架。

拍摄视频短片的基本流程

使用 Nikon Z7 拍摄短片的操作比较简单，但其中的一些细节仍值得注意，下面列出了一个短片拍摄的基本流程，供用户在拍摄短片时参考。

❶ 在相机背面的右上方将照片/视频选择器拨动至🎬位置。

❷ 按下模式拨盘锁定解除按钮并同时转动模式拨盘选择拍摄模式。如果希望手动控制短片的曝光量，将拍摄模式选择为M，如果希望相机自动控制短片的曝光量，则将拍摄模式选择为🅰🆄🆃🅾或P，如果希望优先光圈或快门拍摄短片，则可以将拍摄模式选择为A或S。

❸ 在拍摄短片前，可以通过自动或手动的方式先对主体进行对焦。在A、S及M拍摄模式下，还需调整曝光组合。

❹ 按下视频录制按钮，即可开始录制动画。

❺ 录制完成后，再次按下视频录制按钮即可结束录制。

❶ 将照片 / 视频选择器拨动至🎬图标

❷ 选择拍摄模式

❸ 录制视频前，先进行参数设置和对焦操作

❹ 按下视频录制按钮

❺ 将开始录制动视频，此时画面的左上角显示一个红色的圆点及 REC 标志

短片拍摄状态下的信息显示

在视频拍摄模式下，连续按下 DISP 按钮，可以按照指示开启→简单显示→直方图→虚拟水平的顺序切换信息显示。

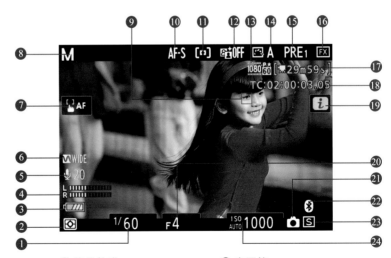

❶ 快门速度
❷ 测光模式
❸ 电池电量
❹ 声音级别
❺ 麦克风灵敏度
❻ 频响
❼ 触控拍摄
❽ 拍摄模式
❾ 对焦点
❿ 对焦模式
⓫ 对焦区域模式
⓬ 动态D-Lighting
⓭ 画面尺寸和帧频/图像品质

⓮ 优化校准
⓯ 白平衡
⓰ 影像区域
⓱ 剩余时间
⓲ 文件名称
⓳ 🄸 图标

⓴ 光圈值
㉑ 静态拍摄
㉒ Wi-Fi
㉓ 释放模式
㉔ ISO感光度

自动对焦模式

Nikon Z7 在视频拍摄模式下，除了可以使用手动对焦模式外，还提供了 3 种自动对焦模式，即 AF-S、AF-C 和 AF-F 对焦模式，分别用于拍摄静态或动态对象。

对焦模式	功　能
AF-S 单次伺服自动对焦	此模式适用于拍摄静态对象，半按快门释放按钮可以锁定对焦
AF-C 连续伺服自动对焦	此模式适用于拍摄运动对象，半按快门释放按钮期间，相机将持续对焦，若拍摄对象移动，相机会自动调整对焦
AF-F 全时伺服自动对焦	此模式是专用视频对焦模式，适用于拍摄动态对象，或相机在不断地移动、变换取景位置等情况下使用，此时，相机将连续进行自动对焦。半按快门按钮可以锁定当前的对焦位置。也可以使用AF-ON按钮开始或停止自动对焦。与自动对焦速度和自动对焦跟踪灵敏度功能相结合使用，以获得效果更好的视频画面

▶ 操作方法 1

在默认设置下，按住 Fn2 按钮并同时转动主指令拨盘，即可选择所需的自动对焦模式

▶ 操作方法 2

按下 *i* 按钮显示常用设定菜单，使用多重选择器选择对焦模式选项，然后转动主指令拨盘选择所需的对焦模式。也可以通过点击屏幕的方式进行设置

◀ 此图是从视频中截取的，通过设置合适的自动对焦模式，以得到清晰的婚礼视频画面『焦距：35mm ┊光圈：F3.5 ┊快门速度：1/250s ┊感光度：ISO500』

设置拍摄短片相关参数

画面尺寸 / 帧频

在"画面尺寸 / 帧频"菜单中可以选择短片的画面尺寸、帧频，选择不同的画面尺寸拍摄时，所获得的视频清晰度不同，占用的空间也不同。Nikon Z7 支持的短片画面尺寸、帧频等相关参数见右表。

Nikon Z7 相机支持录制 4K 超高清视频拍摄，提供有 ２１６０、２１６０、２１６０ 三个录制选项，即分别可以录制 30P、25P、24P 的 3840×2160 尺寸超高清 4K 视频。

除了 4K 视频录制，慢动作视频也是 Nikon Z7 相机的特色，以 4 倍或 5 倍额定速度录制的视频，会以额定的速度进行播放，呈现出慢动作的效果。例如，选择 "1920×1080；30p×4（慢动作）" 选项，那么将会以约 120fps(120P) 的帧频录制视频，然后在播放时以约 30fps（30P）的帧频播放视频，也就是说录制 10 秒的视频，在播放时能播放约 40 秒。

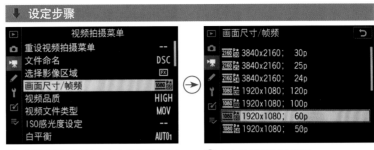

设定步骤

❶ 在**视频拍摄**菜单中点击选择的**画面尺寸 / 帧频**选项

❷ 点击选择所需的选项

选项	最大比特率 （高品质/标准）	最长录制时间
3840×2160（4K UHD）；30p		
3840×2160（4K UHD）；25p		
3840×2160（4K UHD）；24p	144/—	
1920×1080；120p		
1920×1080；100p		
1920×1080；60p	56/28	约29分59秒
1920×1080；50p		
1920×1080；30p		
1920×1080；25p	28/14	
1920×1080；24p		
1920×1080；30p×4（慢动作）	36/—	
1920×1080；25p×4（慢动作）		约3分钟
1920×1080；24p×5（慢动作）	29/—	

高手点拨：选项中带有★标志的为"高品质"画质。4K超高清和慢动作视频均为高品质画质。全高清视频可以选择"高品质"或"标准"画质。

设置麦克风灵敏度让声音更清晰

使用相机内置麦克风可录制单声道声音，通过将带有立体声微型插头的外接麦克风连接至相机，则可以录制立体声，然后配合"麦克风灵敏度"菜单中的参数设置，可以实现多样化的录音控制。

● 自动灵敏度：选择此选项，则相机会自动调整灵敏度。

● 手动灵敏度：选择此选项，可以手动调节麦克风的灵敏度。

● 麦克风关闭：选择此选项，则关闭麦克风。

❶ 点击选择**视频拍摄**菜单中的**麦克风灵敏度**选项

❷ 点击选择**自动**选项，可由相机自动控制麦克风的录音灵敏度

❸ 若在步骤❷中选择**手动**选项，点击▲或▼图标选择麦克风的录音灵敏度

❹ 若在步骤❷中选择**麦克风关闭**选项，则禁止相机在拍摄动画时录制声音

电子减震

在 4K 超高清和全高清视频拍摄模式下，开启"电子减震"功能可以与"减震"菜单中 Sport 运动减震模式搭配使用组成复合 VR 减震，以获得更明显的减震效果。

● 开启：选择此选项，在拍摄视频过程中，会校正相机抖动以获得清晰的画面，不过拍摄视角将会缩小，画面将略微放大。此外，在画面尺寸为 1920×1080；120p、1920×1080；100p 及 1920×1080（慢动作）时电子减震功能不可用。

● 关闭：选择此选项，则关闭使用电子减震功能。

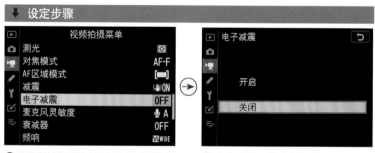

❶ 在**视频拍摄**菜单中选择**电子减震**选项

❷ 点击选择**开启**或**关闭**选项

AF 速度

此菜单用于选择视频模式下的对焦速度，用户可以在"慢速（-5）"和"快速（+5）"之间选择自动对焦速度，使用较低的数值时，获得对焦的速度就比较慢，画面主体是慢慢由虚变实的过程，犹如电影手法般，感觉上会比较舒适。而使用较高的数值时，主体对焦速度很快，因此画面的虚实感切换得也较快。

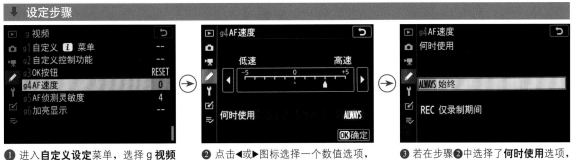

设定步骤

❶ 进入**自定义设定**菜单，选择 g **视频**中的 g4 AF **速度**选项

❷ 点击◀或▶图标选择一个数值选项，然后点击 OK确定 图标确定

❸ 若在步骤❷中选择了**何时使用**选项，点击选择所需的选项

● -5/0/+5：选择自动对焦时的对焦速度。数值向低速偏移，则对焦速度较慢，数值向高速偏移，则对焦速度较快。数值 0 则是均衡的速度，是默认设置。

● 何时使用：选择"始终"选项，每当相机切换到视频拍摄模式时，都将以所选数值的对焦速度进行对焦；选择"仅录制期间"选项，则仅在视频录制期间，以所选数值的对焦速度进行对焦，在非录制时以"+5"最快速度的速度进行对焦。

AF 侦测灵敏度

"AF 侦测灵敏度"用于设置在于当被摄对象偏离对焦点，或者在被摄对象与相机之间出现障碍对象时，对焦的反应速度。通过此参数的设置使相机"明白"，是忽略新被摄对象继续跟踪对焦被摄对象，还是对新被摄对象进行对焦拍摄。

在此菜单中，可以选择 1（高）至 7（低）之间的值，来改变对焦灵敏度。灵敏度越高，相机便会快速切换对焦到新被摄对象；灵敏度越低，相机则不会对焦到新被摄对象上，而是保持对焦在被摄对象。

设定步骤

❶ 进入**自定义设定**菜单，选择 g **视频**中的 g5 AF **侦测灵敏度**选项

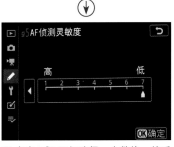

❷ 点击◀或▶图标选择一个数值，然后点击 OK确定 图标确定

间隔拍摄

延时摄影又称"定时摄影"，即利用相机的"间隔拍摄"功能，每隔一定的时间拍摄一张照片，最终形成一个完整的照片序列，用这些照片生成的视频能够呈现出电视上经常看到的花朵开放、城市变迁、风起云涌的效果。

例如，花蕾的开放约需三天三夜72小时，但如果每半小时拍摄一个画面，顺序记录其开花的过程，即可拍摄144张照片，当用这些照片生成视频并以正常帧频率放映时（每秒24幅），在6秒钟之内即可重现花朵三天三夜的开放过程，能够给人强烈的视觉震撼。延时摄影通常用于拍摄城市风光、自然风景、天文现象、生物演变等题材。

Nikon Z7 相机有约4575万的有效像素，再搭配使用高分辨率的尼克尔镜头，这样拍摄出来的系列照片，可以制作出具有精致细节的8K延时视频。使用Nikon Z7 进行延时摄影要注意以下几点。

● 一定要使用三脚架稳定相机，并且关闭"减震"功能进行拍摄，否则在最终生成的视频短片中就会出现明显的跳动画面。

● 使用 M 挡全手动曝光模式，手动设置光圈、快门速度、感光度，以确保所有拍摄出来的系列照片有相同的曝光效果。

● 不能使用自动白平衡，而需要通过手调色温的方式设置白平衡。

● 将对焦方式切换为手动对焦。

● 将释放模式设置为除 ⟳（自拍）以外的其他模式。

● 设置"开始时间"之前，确认相机的时间和日期是设置正确的。

● 确认相机电池满格，或者使用电源适配器和电源连接线（另购）连接直流电源为相机供电，以确保不会因电量不足而使拍摄中断。

● 开始间隔拍摄之前，最好以当前设定参数试拍一张照片查看效果。

↓ 设定步骤

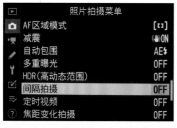

❶ 在**照片拍摄菜单**中选择**间隔拍摄**选项

❷ 点击选择**选择开始日期/时间**选项

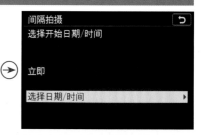

❸ 点击选择**立即**或**选择日期/时间**选项

❹ 点击选择开始日期/时间的数字框，然后点击 ▲ 或 ▼ 图标选择所需的日期和时间。设置完成后，点击 OK确定 图标确定

❺ 若在步骤❷中选择了**间隔时间**选项，点击选择间隔时间的数字框，然后点击 ▲ 或 ▼ 图标选择所需的时间。设置完成后，点击 OK确定 图标确定

❻ 若在步骤❷中选择了**间隔 × 拍摄张数/间隔**选项，点击选要修改的数字框，然后点击 ▲ 或 ▼ 图标选择所需的数值。设置完成后，点击 OK确定 图标确定

⑦ 若在步骤❷中选择了**曝光平滑**选项，点击可选择**开启**或**关闭**选项

⑧ 若在步骤❷中选择了**静音拍摄**选项，点击可选择**开启**或**关闭**选项

⑨ 若在步骤❷中选择了**间隔优先**选项，点击可选择**开启**或**关闭**选项

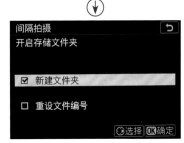

- 开始：若"选择开始日期 / 时间"设为"立即"选项，那么在选择"开始"选项 3 秒后开始间隔拍摄。若在"选择开始日期 / 时间"中设定了日期和时间，那么在选择"开始"选项后，将在所选日期和时间开始间隔拍摄。

- 选择开始日期 / 时间：若要立即开始间隔拍摄，则选择"立即"选项，若要在所选日期和时间开始拍摄，则选择"选择日期 / 时间"选项，并在下一级界面中设定日期和时间。

- 间隔时间：选择两次拍摄之间的间隔时间，时间是设置为 n 分 n 秒。

- 间隔 × 拍摄张数 / 间隔：选择间隔次数和在每个间隔下的拍摄张数。

- 曝光平滑：选择"开启"选项，可以在除 M 以外的曝光模式下根据上一张照片调整曝光。如果想在 M 模式下使用曝光平滑功能，则需要开启自动 ISO 感光度功能。

- 静音拍摄：选择"开启"选项，可以在拍摄过程中使用快门静音功能。

- 间隔优先：如果使用 P 和 A 挡曝光模式拍摄，可在此选项中设置是优先曝光时间还是优先间隔时间。选择"开启"可确保画面以所选间隔时间进行拍摄，选择"关闭"则可以确保画面正确曝光。

- 开启存储文件夹：选择"新建文件夹"可以为每个新的序列新建文件夹，选择"重设文件编号"选项，则可以在新建文件夹时将文件编号重设为0001

⑩ 若在步骤❷中选择了**开启存储文件夹**选项，点击选择**新建文件夹**或**重设文件编号**选项，然后点击 选择 图标勾选，勾选完后点击 OK确定 图标确认

⑪ 一切选项设定完成后，选择**开始**选项，然后相机会在 3 秒后或在所选日期和时间后开始拍摄

▼ 这是使用延时摄影方法拍摄的一组记录日落时分光线与色彩变化的画面

定时视频

利用"定时视频"功能，可以在指定的时间间隔就拍摄一张照片的流程化操作。这一功能与前面所讲的"间隔拍摄"功能基本类似，但不同之处在于，使用此功能可以在拍摄完成后直接生成一个无声的视频短片。Nikon Z7 相机可以将全像素的静止图像在相机内转换成 4K 超高清视频（或超高清）。根据"画面尺寸/帧频"设置而定），轻松享受高分辨率带来的高品质画面。

● 开始：开始定时录制。选择此选项后将会在大约 3 秒后开始拍摄，并在选定的拍摄时间内以所选间隔时间持续进行。

● 间隔时间：选择两次拍摄之间的间隔时间，时间是设置为 n 分 n 秒。

● 拍摄时间：选择定时动画的总拍摄时间，时间是设置为 n 小时 n 分。

● 曝光平滑：选择"开启"选项，可以在除 M 以外的曝光模式下使用曝光平滑过渡功能。如果想在 M 模式下使用曝光平滑功能，则需要开启自动 ISO 感光度功能。

● 静音拍摄：选择"开启"选项，可以在拍摄过程中使用快门静音功能。

● 选择影像区域：可以为定时动视频选择一个影像区域。

● 画面尺寸/帧频：可以为定最终成生的动画选择画面尺寸和帧频。可选择的选项与视频拍摄菜单中的"画面尺寸/帧频"菜单项目相同。

● 间隔优先：如果使用 P 和 A 挡曝光模式拍摄，可在此选项中设置是优先曝光时间还是优先间隔时间。选择"开启"可确保画面以所选间隔时间进行拍摄，选择"关闭"则可以确保画面正确曝光。

❶ 在**照片拍摄菜单**中选择**定时视频**选项

❷ 点击选择**间隔时间**选项

❸ 点击选择间隔的数字框，然后点击▲或▼图标选择所需的间隔时间。设置完成后，点击OK确定图标确定

❹ 如果在步骤❷中选择了**拍摄时间**选项，点击选择时间数字框，然后点击▲或▼图标选择所需的拍摄时间。设置完成后，点击OK确定图标确定

❺ 如果在步骤❷中选择了**曝光平滑**选项，点击可选择**开启**或**关闭**选项

❻ 如果在步骤❷中选择了**静音拍摄**选项，点击可选择**开启**或**关闭**选项

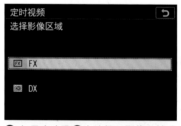

❼ 如果在步骤❷中选择了**影像区域**选项，点击选择所需的选项

❽ 如果在步骤❷中选择了**画面尺寸/帧频**选项，点击选择所需的选项

❾ 如果在步骤❷中选择了**间隔优先**选项，点击可选择**开启**或**关闭**选项

❿ 一切选项设定完成后，选择**开始**选项，然后相机将会在 3 秒后开始拍摄

第7章

掌握 Wi-Fi 功能设定

使用 Wi-Fi 功能拍摄的三大优势

自拍时摆造型更自由

使用手机自拍时，虽然操作方便、快捷，但效果差强人意。而使用数码微单相机自拍时，虽然效果很好，但操作起来却很麻烦。通常在拍摄前要选好替代物，以便于相机锁定焦点，在自拍时还要准确地站立在替代物的位置，否则有可能导致焦点不实，更不用说还存在是否能捕捉到最灿烂笑容的问题。

但如果使用 Nikon Z7 相机的 Wi-Fi 功能，则可以很好地解决这一问题。只要将智能手机注册到 Nikon Z7 相机的 Wi-Fi 网络中，就可以将相机液晶显示屏中显示的影像，以直播的形式显示到手机屏幕上。这样在自拍时就能够很轻松地确认自己有没有站对位置、脸部是否是最漂亮的角度、笑容够不够灿烂等，通过手机检查后，就可以直接用手机控制快门进行拍摄。

在拍摄时，首先要用三脚架固定相机；然后再找到合适的背景，通过手机观察自己所站的位置是否合适，自由地摆出个人喜好的造型，并通过手中的智能手机确认姿势和构图；最后在远处通过手机控制释放快门完成拍摄。

▼ 使用 Wi-Fi 功能可以在较远的距离进行自拍，不用担心自拍延时时间不够用，又省去了来回奔跑看照片的麻烦，最方便的是可以有更充足的时间摆好姿势『焦距：70mm ┆光圈：F2.8 ┆快门速度：1/400s ┆感光度：ISO400』

在更舒适的环境中遥控拍摄

在野外拍摄星轨的摄友，大多都体验过刺骨的寒风和蚊虫的叮咬。这是由于拍摄星轨通常都需要长时间曝光，而且为了避免受到城市灯光的影响，拍摄地点通常选择在空旷的野外。因此，虽然拍摄的成果令人激动，但拍摄的过程的确是一种煎熬。

利用 Nikon Z7 相机的 Wi-Fi 功能可以很好地解决这一问题。只要将智能手机注册到 Nikon Z7 相机的 Wi-Fi 网络中，就可以在遮风避雨的拍摄场所，如汽车内、帐篷中，通过智能手机进行拍摄。

这一功能对于喜好天文和野生动物摄影的摄友而言，绝对值得尝试。

◀ 拍摄星轨题材最考验摄影师的耐心，使用 Wi-Fi 功能可以在帐篷中或汽车内边看手机边拍摄，拍摄方式更加方便、舒适『焦距：24mm ┊ 光圈：F10 ┊ 快门速度：2517s ┊ 感光度：ISO200』

以特别的角度轻松拍摄

虽然，Nikon Z7 的液晶显示屏可以翻转一定的角度，但如果以较低的角度拍摄时，仍然不是很方便，利用 Nikon Z7 相机的 Wi-Fi 功能可以很好地解决这一问题。

当需要以非常低的角度拍摄时，可以在拍摄位置固定好相机，然后通过智能手机的实时显示画面查看图像并释放快门。即使在拍摄时需要将相机贴近地面进行拍摄，拍摄者也只需站在相机的旁边，通过手机控制就能够轻松、舒适地抓准时机进行拍摄。

除了采用非常低的角度外，当以一个非常高的角度进行拍摄时，也可以使用这种方法进行拍摄。

在智能手机上安装 SnapBridge

使用智能手机遥控 Nikon Z7 时，不仅需要在智能手机中安装 SnapBridge（尼享）程序，还需要进行相应设置。

SnapBridge 可在尼康照相机与智能设备之间建立双向无线连接。可将使用照相机所拍的照片下载至智能设备，也可以在智能设备上显示照相机镜头视野从而遥控照相机。

用户可以从尼康官网下载 SnapBridge 软件。

▲ SnapBridge 程序图标

连接 SnapBridge 软件前的相关菜单设置

Wi-Fi 连接

在与智能手机连接前，可以在"Wi-Fi 连接"菜单中查看当前设定。以便在连接时，能够准确地知道 Nikon Z7 相机的 SSID 名称和密码。

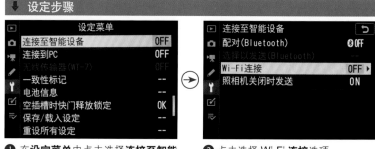

❶ 在设定菜单中点击选择连接至智能设备选项

❷ 点击选择 Wi-Fi 连接选项

❸ 点击选择建立 Wi-Fi 连接选项

❹ 在此界面中，可以查看 SSID 名称和密码

利用智能手机搜索无线网络

完成上述步骤的设置工作后，在这一步骤中需要启用智能手机的 Wi-Fi 功能，并接入 Nikon Z7 的 Wi-Fi 网络。

❶ 开启智能手机的 Wi-Fi 功能，并搜索名为 Z_7_8000712 的无线网络

❷ 输入相机屏幕上的密码后，连接成功的状态

在手机上查看及传输照片

完成前面的操作步骤后，从智能手机中启动 SnapBridge 软件，以开始与相机建立连接，通过 SnapBridge 软件，可以将存储卡中的照片显示到智能手机上，用户可以查看并传输到手机，从而实现即拍即分享。

设定步骤

❶ 在手机的 SnapBridge 程序中，点击 Z_7_8000712 进行配对

❷ 配对成功后将显示此界面，点击**下载照片**选项

❸ 相机上的照片将以缩略图的形式显示，点击右上角的**选择**

❹ 勾选想要下载的照片，然后点击下方的**下载**选项

❺ 点击选择下载尺寸，完成后即可开始下载照片

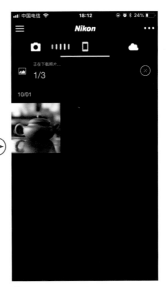

❻ 进入正在下载照片 ... 界面，等待其传输完成后即可在手机相册中查看下载的照片了

用智能手机进行遥控拍摄的操作步骤

将 Nikon Z7 相机连接到手机后，还可以用来遥控拍摄静态照片或录制视频。在连接有效的情况下，点击 SnapBridge 软件上的"遥控拍摄"即可启动实时显示遥控功能，智能手机屏幕将显示实时显示画面，在照片拍摄模式下，用户还可以在拍摄前进行设置，如拍摄模式、光圈、快门速度、ISO、曝光补偿、白平衡模式等参数。

⬇ 设定步骤

❶ 在连接上相机 Wi-Fi 网络的情况下，点击软件界面中**遥控拍摄**选项

❷ 手机屏幕上将显示图像，点击图中红色框所在的图标可以拍摄静态照片。点击黄色框所在的图标可以进入设置界面

❸ 在设置界面中，用户可以设定下载照片的文件大小、选择自拍功能以及启用即时取景功能

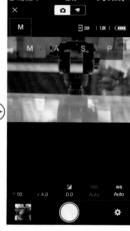

❹ 在拍摄界面，可以对拍摄模式、曝光组合、曝光补偿、白平衡模式等常用参数进行设置。例如此界面为选择拍摄模式的状态

❺ 例如点击了快门速度图标，在上方显示的快门速度刻表中，可以滑动选择所需的快门速度值

❻ 例如点击了白平衡图标，在上方显示的白平衡列表中，可以滑动选择所需的白平衡模式

❼ 点击图中红色框所在的图标可以切换为视频拍摄模式

❽ 点击下方中央的红色录制按钮，便可开始录制视频。此时左上角会显示 REC 图标

第8章

尼康 Z6/Z7 相机适用镜头推荐

镜头标识名称解读

通常镜头名称中会包含很多数字和字母，尼康 Z 系列镜头专用于 Nikon Z7 微单相机，采用了独立的命名体系，各数字和字母都有特定的含义，熟记这些数字和字母代表的含义，就能很快地了解一款镜头的性能。

Z 24-70mm F4 S

❶　　　❷　　　❸　❹

▲ 尼克尔 Z 24-70mm F4 S 镜头

❶ Z：代表此镜头适用于 Z 卡口微单相机。

❷ 24-70mm：代表镜头的焦距范围。

❸ F4：表示镜头所拥有最大光圈的数值。光圈恒定的镜头采用单一数值表示，如尼克尔 Z 24-70mm F4 S；浮动光圈的镜头标出光圈的浮动范围，如 AF-S 18-35mm F3.5-4.5G ED。

❹ S：是 S-Line 缩写。尼康全画幅微单镜头采用了新命名：S-Line，也就是 S- 型镜头的意思。

高手点拨：安装卡口适配器后，便可以将F卡口的系列镜头安装在Nikon Z7全画幅微单相机上。

镜头焦距与视角的关系

每款镜头都有其固有的焦距，焦距不同，拍摄视角和拍摄范围也不同，而且不同焦距下的透视、景深等特性也有很大的区别。例如，在使用广角镜头的 14mm 焦距拍摄时，其视角能够达到 114°；而使用长焦镜头的 200mm 焦距拍摄时，其视角只有 12°。不同焦距镜头对应的视角如右图所示。

由于不同焦距镜头的视角不同，因此，不同焦距镜头适用的拍摄题材也有所不同。比如焦距短、视角宽的镜头常用于拍摄风光；而焦距长、视角窄的镜头常用于拍摄体育比赛、鸟类等位于远处的对象。

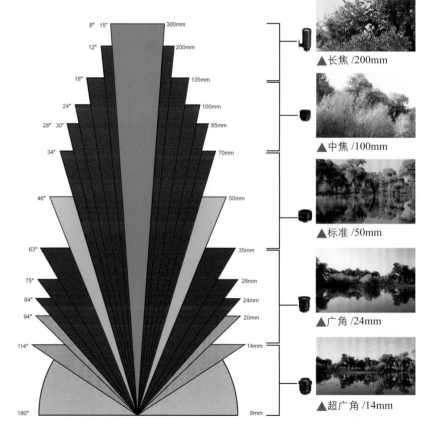

▲长焦 /200mm

▲中焦 /100mm

▲标准 /50mm

▲广角 /24mm

▲超广角 /14mm

定焦与变焦镜头

定焦镜头的焦距不可调节，它具有光学结构简单、最大光圈很大、成像质量优异等特点，在相同焦段的情况下，定焦镜头往往可以和价值数万元的专业镜头媲美。其缺点是由于焦距不可调节，机动性较差，不利于拍摄时进行灵活的构图。

变焦镜头的焦距可在一定范围内变化，其光学结构复杂、镜片数量较多，使得它的生产成本很高，少数恒定大光圈、成像质量优异的变焦镜头的价格昂贵，通常在万元以上。变焦镜头的最大光圈较小，能够达到恒定F2.8 光圈就已经是顶级镜头了，当然在售价上也是"顶级"的。

变焦镜头的存在，解决了我们为拍摄不同的景别和环境时走来走去的难题，虽然在成像质量以及最大光圈上与定焦镜头相比有所不及，但那只是相对而言，在环境比较苛刻的情况下，变焦镜头确实能为我们提供更大的便利。

▲ 在这组照片中，摄影师只是在较小的范围内移动，就拍摄到了完全不同景别和环境的照片，这都得益于变焦镜头带来的便利

▲ 尼克尔 Z 24-70mm F4 S

认识尼康相机的两种卡口

F 卡口

F卡口是尼康单反相机所使用的卡口类型，可以安装的镜头类型为AF-S系列镜头和AF-S DX系列镜头。由于尼康无论是全画幅还是APS-C画幅相机，均使用F卡口，因此，即便AF-S系列镜头和AF-S DX系列镜头分别为全画幅和APS-C画幅单反设计，却依旧可以在任何一台尼康单反上使用。

不过，当AD-S DX镜头在全画幅相机上使用时，拍摄的照片会被自动裁剪，从而导致损失部分像素。如果不设置相机自动裁切，则很有可能会出现"黑边"现象。

比如右侧展示的AF-S 35mm F1.8G和AF-S DX 35mm F1.8G，虽然分别属于AF-S系列和AF-S DX系列，但是任一款尼康单反均可以同时使用这两只镜头。这也是尼康单反始终坚持使用F卡口的一个优势，相比佳能就做不到APS-C镜头在全幅单反上使用。

▲ AF-S 35mm F1.8G

▲ AF-S DX 35mm F1.8G

◀F卡口的配套镜头比较丰富，用户可以根据拍摄需求进行选择，例如这张照片就是使用标准大光圈镜头拍摄的『焦距：50mm ┆光圈：F2 ┆快门速度：1/125s ┆感光度：ISO100』

Z 卡口

与尼康单反相机使用的F卡口不同，其首款全画幅微单Z7使用了全新的Z卡口，因此只能使用Z系列镜头（不使用转接环的情况下）。Z卡口相比于传统的F卡口，其内径从44mm增加至55mm，法兰距更是从46.5mm缩短至16mm，这为设计出更大光圈，成像品质更佳的镜头提供了基础。目前，尼康公司已经确定将发布F0.95的超大光圈镜头，无疑证明了Z卡口相比传统F卡口的优势。

目前尼康共发布了3款Z镜头，分别是尼克尔Z 24-70mm F4 S、尼克尔Z 50mm F1.8 S、尼克尔Z 35mm F1.8 S。可以看到，由于Z镜头属于全新的镜头系列，镜头群的完善程度远不如AF-S/AF-S DX镜头。再加上很多摄影师手中已经有不少F卡口镜头，为了换相机而更换整套镜头未免成本太高，所以尼康公司在发布Z7微单和Z系列镜头的同时，还发布了卡口适配器FTZ，从而让Z7微单也可以使用AF-S/AF-S DX镜头进行拍摄。

▲ Z 24-70mm F4 S

▲ Z 35mm F1.8 S

▼ Z 系列镜头的光圈都比较大，在用来拍摄人像照片时，可以拍出漂亮的虚化背景效果『焦距：50mm ┊ 光圈：F2.2 ┊ 快门速度：1/1000s ┊ 感光度：ISO400』

Z 镜头的优点

拥有大光圈值

目前尼康共发布了 3 款 Z 镜头，分别是尼克尔 Z 24-70mm F4 S、尼克尔 Z 50mm F1.8 S 和尼克尔 Z 35mm F1.8 S。从名称上可以看出，三款镜头都拥有大光圈，而使用大光圈镜头拍摄可以获得更好的画质和虚化效果。

▲ Z 35mm F1.8 S

更小的体积

Z 卡口的卡口内径是 55mm，法兰距仅为 16mm（F 卡口法兰距为 46.5mm），可以达到良好的光学性能。加之微单没有反光板，因此可以大幅缩短镜头后端镜片到图像感应器的距离，提高了镜头设计的灵活性，以使 Z 系列镜头在更小巧的同时兼具高画质。

丰富的功能

Z 镜头搭载有丰富的功能，如调焦时视角偏移、减轻多种操作音、平滑的曝光控制、控制环等。此外，得益于全新的卡口，尼康 Z 镜头可以实现对焦环功能自定义。从而在使用自动对焦时，可以将对焦环设置为调整光圈、快门、ISO 等参数控制，让拍摄更加得心应手。

▲ Z 50mm F1.8 S

获得更高画质

尼康 Z 镜头的大口径卡口，可以让光线入射以垂直角度照顾到整个传感器，从而提升画面边缘的画质表现，而 16mm 的法兰距缩短光线到达感光元件的行程，直接减少色散等像差问题，从而可获得更高画质。

▼ Z 系列镜头在逆光拍摄时可以有效地减少眩光现象『焦距：24mm ┊ 光圈：F5.6 ┊ 快门速度：1/125s ┊ 感光度：ISO200』

卡口适配器

卡口适配器用于在 Nikon Z7 微单相机上连接 F 卡口的系列镜头，可以满足用户扩展镜头使用数量及选择范围的需求。

Nikon Z7 微单相机的卡口适配器型号为 FTZ。它支持转接带有自动曝光的 F 卡口系列镜头（包括 AI 镜头在内的近 360 款），支持 93 款 AF-P/AF-S/AF-I 镜头可使用自动对焦和自动曝光进行拍摄。

当利用卡口适配器安装了兼容的无内置 VR 减震功能的 F 卡口镜头时，可以使用相机的内置 VR 减震功能，而当安装兼容的带有内置 VR 减震功能的 F 卡口镜头时，镜头内置 VR 减震功能和相机内置 VR 功能都被激活，可以对水平、垂直和滚动三个旋转方向上的抖动进行补偿。

另外，在 FTZ 卡口适配器的底部配有三脚架孔，对于转接比较重的 F 口镜头时可以平衡前后重量。

▲ 卡口适配器 FTZ

▲ ①将适配器的安装标记和相机上的安装标记对齐后，将其逆时针旋转直至卡入正确位置并发出咔嗒声。②将镜头安装标志和卡口适配器上的镜头安装标记对齐后，逆时针旋转镜头直至卡入正确位置并发出咔嗒声

◀ 利用卡口适配器，将长焦镜头安装到 Z7 相机上，便可以拍摄野生动物题材了『焦距：400mm ┊ 光圈：F5 ┊ 快门速度：1/800s ┊ 感光度：ISO500』

尼康高素质镜头推荐

尼克尔 Z 35mm F1.8 S

这款镜头的分辨率非常出色，与有 4575 万有效像素 Nikon Z7 相机配合使用，无论是在最大光圈还是最小光圈下，画面的中心和边缘都可以获得不错的细节。

这款镜头的最近对焦距离为 25cm，可以以非常近的距离进行拍摄，使被摄对象的细节清晰呈现在画面中；而 F1.8 的最大光圈、9 片光圈叶片组成的圆形光圈可使画面获得漂亮的虚化效果。镜头采用了多重对焦系统，可以实现准确、快速的自动对焦控制。采用大功率步进马达实现安静准确的自动对焦控制，不易惊扰被摄对象，而在短片拍摄时，也可以减弱镜头工作声音带来的影响。

35mm 焦距可以在突出主体的同时纳入一定的环境，因此这款镜头除了可以拍摄风光、静物题材外，还可以应用到街拍、人文、人像等拍摄题材。

镜片结构	9 组 11 片
光圈叶片数	9
最大光圈	F1.8
最小光圈	F16
最近对焦距离（cm）	25
滤镜尺寸（mm）	62
规格（mm）	73×86
重量（g）	370

▼ 『焦距：35mm ┆ 光圈：F5 ┆ 快门速度：1/160s ┆ 感光度：ISO100』

尼克尔 Z 24-70mm F4 S

　　这款镜头从 24mm 的广角到 70mm 常用的标准焦距范围，可以有效覆盖多种拍摄场景和对象。无论是日常生活抓拍、还是人像或风景拍摄，都能获得高品质的影像，并且这款镜头小巧，方便携带，约 500g 的镜身采用可伸缩装置，只需旋转变焦环来打开 / 关闭，而无须按下按钮，使用时比较灵活，非常适合作为 Nikon Z7 相机的挂机头。

　　这款镜头是采用 1 枚非球面低色散（ED）玻璃镜片、1 枚低色散（ED）玻璃镜片和 3 枚非球面镜片，因此能有效减少彩色边纹、边缘的横向色差、彗形眩光等多种镜头像差，以及失真和球面像差得到有效校正。而纳米结晶涂层的使用，可以减少拍摄时的鬼影和眩光现象。

　　7 片光圈叶片配合 F4 的大光圈，在拍摄人像时也能够获得不错的虚化效果，而且在色彩表现方面也非常出色。此外，通过对控制环进行菜单设置后，控制环可以用于对焦（M/A）、改变光圈或者曝光补偿值，可以减少设置参数的时间，以获得更多的拍摄时机。

镜片结构	11 组 14 片
光圈叶片数	7
最大光圈	F4
最小光圈	F22
最近对焦距离（cm）	30
滤镜尺寸（mm）	72
规格（mm）	77.5×88.5
重量（g）	500

▼ 『焦距：35mm ┊ 光圈：F5.6 ┊ 快门速度：1/2s ┊ 感光度：ISO1000』

标准镜头推荐

尼克尔 Z 50mm F1.8 S

这款镜头采用了包含 2 枚低色散 ED 镜片和 2 枚非球面镜片在内的 9 组 12 片的镜头结构，可以获得高分辨率、展现微小纹理、减少轴向色差以及良好图像还能性能；而 9 片的圆形光圈叶片，能够保证即使是近距离拍摄，也能营造出优美的焦外成像效果，而且得到的虚化部分可以形成非常唯美的圆形。此外，这款镜头带有纳米结晶涂层，能够减少逆光拍摄时的鬼影和眩光现象。

这款镜头的控制环，可以通过相机的菜单进行设定，用户可以根据拍摄需求将其指定为对焦、改变光圈、改变曝光补偿等其中一个调整功能，这样大大方便了拍摄时的设定操作。而在拍摄视频时，此款镜头又能有效地补偿对焦呼吸效应（即调整对焦时视角发生变化）、减少 AF 驱动、光圈驱动以及控制环操作的声音，以录制到声音更纯净的视频。

镜片结构	9 组 12 片
光圈叶片数	9
最大光圈	F1.8
最小光圈	F16
最近对焦距离（cm）	40
滤镜尺寸（mm）	62
规格（mm）	76×86.5
重量（g）	415

▼『焦距：50mm ┆光圈：F2.8 ┆快门速度：1/100s ┆感光度：ISO200』

尼康 AF 尼克尔 85mm F1.4 D IF & AF-S 尼克尔 85mm F1.4 G

　　这两款镜头虽然均在市场上有售，但发布时间与性能并不相同，即前者是后者的早期版本。首先介绍一下价廉物美的尼康 AF 尼克尔 85mm F1.4 D IF 镜头，通过其机身上标识的 D 字母就可以知道，这款镜头在尼康镜头家族中至少存在了 15 年之久。在镜身的做工上，虽然外表是塑料的，但其内部仍然是金属材质，因此在坚固及密封性能上不必担心。

　　这款镜头的镜片结构及光圈叶片数不仅能够保证获得较高的成像质量，而且还能在照片中形成非常柔美的焦外虚化效果，但在使用最大光圈拍摄时，要注意其跑焦的问题，这几乎是所有大光圈定焦镜头的通病，如果切换至手动对焦模式，那么其对焦的准确度会增加。

　　而作为升级版的 AF-S 尼克尔 85mm F1.4 G 镜头，镜身明显增大了一圈，而且其色彩表现也更加浓郁，这一点与 D 型镜头的清亮色彩有所不同。另外，G 型镜头针对数码微单相机进行了优化，因此画面层次的表现更为出色；而 D 型镜头则在反差方面更优秀。至于选择哪款镜头，应根据个人的喜好和需求确定。

镜片结构	8 组 9 片 / 9 组 10 片（含纳米结晶涂层）
光圈叶片数	9
最大光圈	F1.4
最小光圈	F16
最近对焦距离（cm）	85
滤镜尺寸（mm）	77
规格（mm）	80×72.5/86.5×84
重量（g）	550/595

提示

　　此款镜头是 F 卡口镜头，需要配合卡口适配器，才能将其安装在 Nikon Z7 相机上。

▼ 『焦距：85mm ┊ 光圈：F2.8 ┊ 快门速度：1/160s ┊ 感光度：ISO160』

长焦镜头推荐

尼康 AF-S 尼克尔 200mm F2 G ED VR Ⅱ

提到长焦镜头，很多人会想到最大光圈 F2.8，尼康的这款 200mm 长焦镜头就打破了这样一个极限，做到了 F2 的超大光圈。实际上，早在 1977 年，尼康就已经推了 Ai 版本的 200mm F2 镜头，并采用了 ED 超低色散镜片及 IF 内对焦设计，这在当时来说已经是极为先进的技术了。直至 12 年后，佳能才推出了与之相抗衡的 200mm F2 镜头。

这款镜头是 2010 年升级的最新版本，采用了新的 9 组 13 片结构，在光学素质上，在 F2 最大光圈下也能得到不错的成像质量，当收缩到 F5.6 以后画质更佳。

作为一款拥有超大光圈的定焦长焦镜头，其 4 万多元的售价确实远非一般用户能够接受的，但其出色的画面表现能力及超大光圈的配置，足以让很多人心动，至于如何选择，还是要由自己的钱包决定。

镜片结构	9 组 13 片
光圈叶片数	9
最大光圈	F2
最小光圈	F22
最近对焦距离（cm）	190
最大放大倍率	1 ：8.1
滤镜尺寸（mm）	52
规格（mm）	124×203
重量（g）	2930

> **提示**
>
> 此款镜头是 F 卡口镜头，需要配合卡口适配器，才能将其安装在 Nikon Z7 相机上。

▼『焦距：200mm ┆光圈：F8 ┆快门速度：1/320s ┆感光度：ISO100』

尼康 AF-S 尼克尔 70-200mm f/2.8G ED VR II

这款镜头在设计上采用了尼康顶级的技术：内对焦和内变焦设计，全程不变的镜身长度让用户在使用过程中有着极佳的感受，与其优异性能相对应的是，这款镜头的售价也超过了 1.3 万元。

在成像方面，"小竹炮"二代更是不负众望，全焦段各光圈下的解像力和锐度都有全面的提高，而且拥有更加真实自然的色彩、柔和的焦外虚化、锐利的焦点成像、超低色散，中心和边缘的像差也有所减小。该镜头作为该焦段的顶级产品，加入了尼康目前所有的新技术，其中包括使用了多达 7 片超低色散镜片、纳米结晶涂层、为相机震动提供相当于提高 4 挡快门速度补偿的尼康减震系统（VR II），以及超声波马达（SWM）。因此，可以说"小竹炮"二代在性能上较前代有了较大提升。

如果觉得价钱太贵，也可以选择 AF-S 尼克尔 VR 70-300mm F4.5-5.6 G IF-ED，或 AF-S 尼克尔 70-200mm F2.8 G ED VR，即一代产品。

镜片结构	16 组 21 片
光圈叶片数	9
最大光圈	F2.8
最小光圈	F22
最近对焦距离（cm）	140
最大放大倍率	1：8.3
滤镜尺寸（mm）	77
规格（mm）	87×205.5
重量（g）	1530

提示

此款镜头是 F 卡口镜头，需要配合卡口适配器，才能将其安装在 Nikon Z7 相机上。

▼ 『焦距：70mm ┊光圈：F4.5 ┊快门速度：1/125s ┊感光度：ISO640』

广角镜头推荐

尼康 AF 尼克尔 14mm F2.8 D ED

这款超广角镜头发布于 2000 年 7 月，外形非常完美、扎实，金属外壳搭配代表顶级镜头的金环，配合 F2.8 的大光圈，给人一种很专业的感觉。

作为一款定焦镜头，当然具有极为强大的成像能力，同时在畸变的控制上也非一般变焦超广角镜头所能比拟，因而也成为"珍宝"级的镜头。

在成像质量上，画面中心的成像明显要好于边缘位置，直到 F5.6 以后，画面中心与边缘的成像质量才相差不大。如果仅考虑画面中心的成像质量，可以使用 F4 的光圈拍摄；如果考虑整体画面的成像质量，则推荐使用 F8 的光圈拍摄。

至于画面的暗角，在使用 F2.8 时会出现明显的暗角，收缩至 F4 后能减轻至可以接受的范围。

镜片结构	12 组 14 片
光圈叶片数	7
最大光圈	F2.8
最小光圈	F22
最近对焦距离（cm）	20
最大放大倍率	1：6.7
滤镜尺寸（mm）	后置型
规格（mm）	87×86.5
重量（g）	670

> **提示**
>
> 此款镜头是 F 卡口镜头，需要配合卡口适配器，才能将其安装在 Nikon Z7 相机上。

▼ 『焦距：14mm ┆ 光圈：F22 ┆ 快门速度：2s ┆ 感光度：ISO200』

尼康 AF-S 尼克尔 14-24mm F2.8 G ED

尼康 AF-S 尼克尔 14-24mm F2.8 G ED 具有优良的成像解析力，从官方资料上看，该镜头采用了两片超低色散镜片、3 片非球面镜片，搭载在全画幅机身上，能够实现真正的超广角拍摄。作为一款定位于专业人士的高端镜头，这款镜头豪华的用料、扎实的做工以及出色的性能让很多玩家爱不释手。

虽然价格昂贵，但是该镜头的性能确实是不可否认的，安装在 Nikon Z7 全画幅数码微单相机上，可以实现 14mm 的超广角拍摄，绝对是风光摄影的理想选择。此镜头最靠前的镜片呈现夸张的球形，采用了尼康独有的 NC 纳米结晶镀膜技术，因而能够有效降低内反射、像差等。

该镜头在各焦段的成像质量都相当不俗，无愧于镜皇的称号，虽然 14mm 超广角端的成像质量较为一般，但收缩光圈至 F8 左右或放大焦距至 16mm 时，其成像质量就变得很高了。

镜片结构	11 组 14 片
光圈叶片数	9
最大光圈	F2.8
最小光圈	F22
最近对焦距离（cm）	28
最大放大倍率	1 ：6.7
滤镜尺寸（mm）	77
规格（mm）	98 × 131.5
重量（g）	1000

> **提示**
>
> 此款镜头是 F 卡口镜头，需要配合卡口适配器，才能将其安装在 Nikon Z7 相机上。

▼ 『焦距：17mm ┆光圈：F9 ┆快门速度：1/100s ┆感光度：ISO100』

微距镜头推荐

尼康 AF-S VR 尼克尔 105mm F2.8 G IF-ED

作为 1993 年 12 月推出的 Ai AF 105mm F2.8 Micro（后来尼康曾推出这款镜头的 D 版，可为机身的高级测光功能提供焦点、距离数据，主要用于改善闪光摄影效果）的换代产品，这款新镜头从外形到内部结构都进行了改进，其手感更加扎实，并且由于搭载了 VR 防抖系统，其重量也由旧款的 555g 大幅提升到 790g。这款镜头具有恒定镜筒长度，同时还新增了"N"字符号，表示应用了"Nano Crystal Coating"新技术。

作为表现细节的微距镜头，其画质如何是人们更为关注的问题，其实并不用担心，这款镜头具有非常优秀的画面表现能力，甚至超过了"大三元"系列镜头，只是在使用最大光圈拍摄时，边缘位置会略有一点暗角，但收缩一挡光圈后暗角现象就会基本消失。

镜片结构	12 组 14 片
光圈叶片数	9
最大光圈	F2.8
最小光圈	F32
最近对焦距离（cm）	31
最大放大倍率	1：1
滤镜尺寸（mm）	62
规格（mm）	83×116
重量（g）	790

> **提示**
>
> 此款镜头是 F 卡口镜头，需要配合卡口适配器，才能将其安装在 Nikon Z7 相机上。

▼ 『焦距：105mm ┊ 光圈：F7.1 ┊ 快门速度：1/640s ┊ 感光度：ISO200』

选购镜头时的合理搭配

不同焦段的镜头有着不同的功用，如 85mm 焦距镜头被奉为人像摄影的首选镜头；而 50mm 焦距镜头在人文、纪实等领域也有着无可替代的作用。根据拍摄对象的不同，可以选择广角、中焦、长焦以及微距等多种焦段的镜头。

如果要购买多支镜头以满足不同的拍摄需求，一定要注意焦段的合理搭配，比如尼康镜皇中"大三元"系列的 3 支镜头，即 AF-S 尼克尔 14-24mm F2.8 G ED 、AF-S 尼克尔 24-70mm F2.8 G ED 以及 AF-S 尼克尔 70-200mm F2.8 G ED VR II 镜头，覆盖了从广角到长焦最常用的焦段，并且各镜头之间焦距的衔接极为连贯，即使是专业级别的摄影师，也能够满足绝大部分拍摄需求。

广大摄友在选购镜头时，也应该特别注意各镜头间的焦段搭配，尽量避免重合，甚至可以留出一定的"中空"，以避免造成浪费——毕竟好的镜头通常都是很贵的。

14~24mm 焦段	24~70mm 焦段	70~200mm 焦段

尼康 AF-S 尼克尔 14-24mm F2.8 G ED	AF-S 尼克尔 24-70mm F2.8 G ED	AF-S 尼克尔 70-200mm F2.8 G ED VR II

与镜头相关的常见问题解答

Q：怎么拍出没有畸变与透视感的照片？

A：要想拍出畸变小、透视感不强烈的照片，那么，就不能使用广角镜头进行拍摄，而是选择一个较远的距离，使用长焦镜头拍摄。这是因为在远距离下，长焦镜头可以将近景与远景间的纵深感减少以形成压缩效果，因而容易得到畸变小、透视感弱的照片。

Q：使用脚架进行拍摄时是否需要关闭 VR 功能？

A：一般情况下，使用脚架拍摄时需要关闭 VR，这是为了防止防抖功能将脚架的操作误检测为手的抖动。

Q：如何准确理解焦距？

A：镜头的焦距是指对无限远处的被摄体对焦时镜头中心到成像面的距离，一般用长短来描述。焦距变化带来的不同视觉效果主要体现在视角上。

视野宽广的广角镜头，光照进镜头的入射角度较大，镜头中心到光集结起来的成像面之间的距离较短，对角线视角较大，因此能够拍出场景更广阔的画面。而视野窄的长焦镜头，光的入射角度较小，镜头中心到成像面的距离较长，对角线视角较小，因此适合以特写的角度拍摄远处的景物。

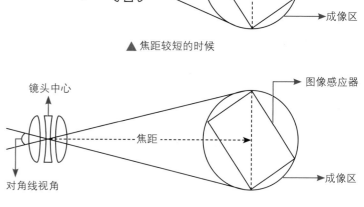

▲ 焦距较短的时候

▲ 焦距较长的时候

Q：什么是微距镜头？

A：放大倍率大于或等于1：1的镜头，即为微距镜头。市场上微距镜头的焦距从短到长，各种类型都有，而真正的微距镜头主是要根据其放大倍率来定义的。放大倍率 = 影像大小：被摄体的实际大小。

如放大倍率为1：10，表示被摄体的实际大小是影像大小的10倍，或者说影像大小是被摄体实际大小的1/10。放大倍率为1：1则表示被摄体的实际大小等于影像大小。

根据放大倍率，微距摄影可以细分成近距和超近距摄影。虽然没有很严格的定义，但一般认为近距摄影的放大倍率为（1：10）～（1：1），超近距摄影的放大倍率为（1：1）～（6：1），当放大倍率大于6：1时，就是显微摄影的范围了。

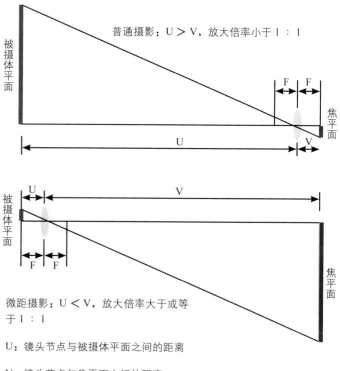

微距摄影：U＜V，放大倍率大于或等于1：1

U：镜头节点与被摄体平面之间的距离

V：镜头节点与焦平面之间的距离

Q：什么是对焦距离？

A：所谓对焦距离是指从被摄体到成像面（图像感应器）的距离，以相机焦平面标记到被摄体合焦位置的距离为计算基准。

许多摄影爱好者常常将其与镜头前端到被摄体的距离（工作距离）相混淆，其实对焦距离与工作距离是两个不同的概念。

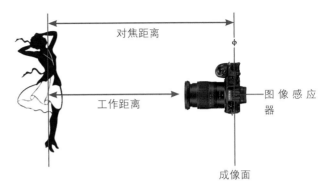

▲ 对焦距离示意图

Q：什么是最近对焦距离？

A：最近对焦距离是指能够对被摄体合焦的最短距离。也就是说，如果被摄体到相机成像面的距离短于该距离，那么就无法完成合焦，即距离相机小于最近对焦距离的被摄体将会被全部虚化。在实际拍摄时，拍摄者应根据被摄体的具体情况和拍摄目的来选择合适的镜头。

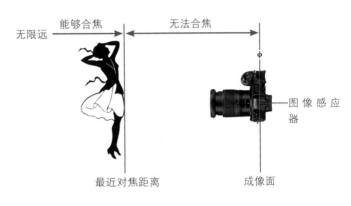

▲ 最近对焦距离示意图

Q：什么是镜头的最大放大倍率？

A：最大放大倍率是指被摄体在成像面上成像大小与实际大小的比率。如果拥有最大放大倍率为等倍的镜头，就能够在图像感应器上得到和被摄体大小相同的图像。

对于数码照片而言，因为可以使用比图像感应器尺寸更大的回放设备（如计算机等）进行浏览，所以成像看起来如同被放大一般，但最大放大倍率还是应该以在成像面上的成像大小为基准。

▲ 使用最大放大倍率约为 1 倍的镜头将其拍摄到最大，在图像感应器上的成像直径为 2cm　　▲ 使用最大放大倍率约为 0.5 倍的镜头将其拍摄到最大，在图像感应器上的成像直径为 1cm

Q：什么是"全时手动对焦"？

A："全时手动对焦"是指在自动对焦过程中，可利用手动的方式对对焦点进行微调，不需要切换对焦模式就能够在自动对焦过程中进行手动对焦。

Q：变焦镜头中最大光圈不变的镜头是否性能更加优异？

A：变焦镜头的最大光圈有两种表示方法，分别由一个数字组成和由两个数字组成（例如 F6.3 或 F3.5-6.3）。前者是在任何焦段最大光圈值都不变的"固定光圈值"，后者是根据焦段不同，最大光圈不断变化的"非固定光圈值"。镜头最大光圈的变化,在有效口径一定的变焦镜头中是必然现象，不能用来作为判断镜头性能是否优异的标准。

Q：什么情况下应使用广角镜头拍摄？

A：如果拍摄照片时有以下需求，可以使用广角镜头进行拍摄。

● 更大的景深：在光圈和拍摄距离相同的情况下，与标准镜头或长焦镜头相比，使用广角镜头拍摄的场景清晰范围更大，因此可以获得更大的景深。

● 更宽的视角：使用广角镜头可以将更宽广的场景容纳在取景框中，且焦距越短，能够拍摄到的场景越宽。因此拍摄风景时可以获得更广阔的背景，拍摄合影时可以在一张照片中容纳更多的人。

● 需要手持拍摄：使用短焦距拍摄要比使用长焦距更稳定，例如使用 14mm 焦距拍摄时，完全可以手持相机并使用较低的快门速度，而不必担心相机的抖动问题。

● 透视变形：使用广角镜头拍摄时，被摄对象距离镜头越近，其在画面中的变形幅度也就越大，虽然这种变形不成比例，但如果在拍摄时要使其从整幅画面中凸显出来，则可以使用这种透视变形来突出强调前景中的被摄对象。

Q：使用广角镜头的缺点是什么？

A：广角镜头虽然非常有特色，但也存在一些缺陷。

● 边角模糊：对于广角镜头，特别是广角变焦镜头来说，最常见的问题是照片四角模糊。这是由镜头的结构导致的，因此较为普遍，尤其是使用 F2.8、F4 这样的大光圈时。在廉价广角镜头中，这种现象更严重。

● 暗角：由于进入广角镜头的光线是以倾斜的角度进入的，而此时光圈的开口不再是一个圆形，而是类似于椭圆的形状，因此照片的四角处会出现变暗的情况，如果缩小光圈，则可以减弱这个现象。

● 桶形失真：使用广角镜头拍摄的图像中，除中心位置以外的直线将呈现向外弯曲的形状（好似一个桶的形状），在拍摄人像、建筑等题材时，会导致所拍摄出来的照片失真。

『焦距：20mm │光圈：F10 │快门速度：1/400s │感光度：ISO100』

第9章

用附件为照片增色的技巧

存储卡

Nikon Z7 作为一款全画幅微单相机，配备了 1 个存储卡插槽，可以安装 XQD 储卡。在购买时，建议不要买一张大容量的存储卡，而是分成两张购买。比如要购买 128G 的 XQD 卡，则建议购买两张 64G 的存储卡，虽然在使用时有换卡的麻烦，但两张卡同时出现故障的概率要远小于 1 张卡。

Q：什么是 XQD 型存储卡？

A：XQD 是近几年研发出的一种存储卡，是用来取代 CF 存储卡的产品。其具有外观小巧、持久耐用、读写速度快等优点，最新的 XQD 存储卡的读取速度已经可以达到了 440MB/s，写入速度可达到 400MB/s。将 XQD 存储卡安装在 NIkon Z7 这样性能优秀的微单相机上使用，对于写入 RAW 格式照片、连拍、录制 4K 视频这样的操作能够更快地处理。

▲ XQD 存储卡

◀ 拍摄野生鸟类时一般都使用连拍模式，使用大容量、读写速度快的 XQD 存储卡，可以更好地满足拍摄需求『焦距：400mm ┆光圈：F6.3 ┆快门速度：1/2000s ┆感光度：ISO400』

UV 镜：保护镜头的选择之一

UV 镜也叫"紫外线滤镜"，主要是针对胶片相机设计的，用于防止紫外线对曝光的影响，提高成像质量，增加影像的清晰度。而现在的数码相机已经不存在这个问题了，但由于其价格低廉，已成为摄影师用来保护数码相机镜头的工具。

笔者强烈建议用户在购买镜头的同时也购买一款 UV 镜，以更好地保护镜头不受灰尘，手印及油渍的侵扰。除了购买尼康的 UV 镜外，肯高、HOYO、大自然及 B+W 等厂商生产的 UV 镜也不错，性价比很高。口径越大的 UV 镜，价格自然也就越高。

▲ B+W UV 镜

偏振镜

什么是偏振镜

偏振镜也叫偏光镜或 PL 镜，在各种滤镜中，是一种比较特殊的滤镜，主要用于消除或减少物体表面的反光。由于在使用时需要调整角度，所以偏振镜上有一个接圈，使得偏振镜固定在镜头上以后，也能进行旋转。

偏振镜分为线偏和圆偏两种，数码相机应选择有"CPL"标志的圆偏振镜，因为在数码微单相机上使用线偏振镜容易影响测光和对焦。

在使用偏振镜时，可以旋转其调节环以选择不同的强度，在取景窗中可以看到色彩的变化。同时需要

注意的是，使用偏振镜后会阻碍光线的进入，大约相当于 2 挡光圈的进光量，故在使用偏振镜时，我们需要降低为原来 1/4 的快门速度，才能拍摄到与未使用时相同曝光效果的照片。

▲ 肯高 67mm C-PL(W) 偏振镜

用偏振镜压暗蓝天

晴朗天空中的散射光是偏振光，利用偏振镜可以减少偏振光，使蓝天变得更蓝、更暗。使用偏振镜拍摄的蓝天，比使用蓝色渐变镜拍摄的蓝天要更加真实，因为使用偏振镜拍摄，既能压暗天空，又不会影像其他景物的色彩还原。

用偏振镜提高色彩饱和度

如果拍摄环境中的光线比较杂乱，会对景物的色彩还原有很大的影响。环境光和天空光在物体上形成反光，会使景物颜色看起来并不鲜艳。使用偏振镜进行拍摄，可以消除杂光中的偏振光，减少杂散光对物体色彩还原的影响，从而提高被摄体的色彩饱和度，使景物的颜色显得更加鲜艳。

用偏振镜抑制非金属表面的反光

使用偏振镜拍摄的另一个好处就是可以抑制被摄体表面的反光。我们在拍摄水面、玻璃表面时，经常会遇到反光，从而影响画面的表现，使用偏振镜则可以削弱水面、玻璃以及其他非金属物体表面的反光。

▲ 使用偏振镜拍摄出来的天空非常纯净『焦距：80mm ┆ 光圈：F7.1 ┆ 快门速度：1/500s ┆ 感光度：ISO100』

中灰镜

什么是中灰镜

中灰镜即 ND（Neutral Density）镜，又被称为中灰减光镜、灰滤镜、灰片等。它就像是一个半透明的深色玻璃，安装在镜头前面时，可以减少进光量，从而降低快门速度。当光线太过充足，导致无法降低快门速度时，就可以使用这种滤镜。

▲ 肯高 ND4 中灰镜 (77mm)

中灰镜的规格

中灰镜分不同的级数，常见的有 ND2、ND4、ND8 三种，分别代表了可以降低 1 挡、2 挡和 3 挡快门速度。例如，在晴朗天气条件下使用 F16 的光圈拍摄瀑布时，得到的快门速度为 1/16s，使用这样的快门速度拍摄无法使水流虚化，此时可以安装 ND4 型号的中灰镜，或安装两块 ND2 型号的中灰镜，使镜头的进光量降低，从而降低快门速度至 1/4s，即可得到预期的效果。

一般按照密度对中灰镜进行分类，常用的密度值有 0.3、0.6、0.9 等。密度为 0.3 的灰镜，透光率为 50%，密度每增加 0.3，灰镜就会增加一倍的阻光率。

中灰镜在人像摄影中的应用

在人像摄影中，经常会使用大光圈来获得小景深虚化效果，但如果是在户外且光线充足时，大光圈很容易使画面曝光过度，此时就可以尝试使用中灰镜降低进光量来避免曝光过度。

中灰镜在风光摄影中的应用

在进行风光摄影时，例如在光照充分的情况下拍摄溪流或瀑布，想要通过长时间曝光拍出丝线状的水流效果，就可以使用中灰镜来达到目的。

◀ 在镜头前安装中灰镜以减少进光量来延长曝光时间，得到了水流连成丝线状的效果『焦距：24mm ┊ 光圈：F16 ┊ 快门速度：2s ┊ 感光度：ISO100』

中灰渐变镜

什么是中灰渐变镜

渐变镜是一种一半透光、一半阻光的滤镜，分为圆形和方形两种，在色彩上也有很多选择，如蓝色、茶色、日落色等。而在所有的渐变镜中，最常用的就是中灰渐变镜，中灰渐变镜是一种中性灰色的渐变镜。

▲ 圆形及方形中灰渐变镜

不同形状渐变镜的优缺点

圆形中灰渐变镜是安装在镜头上的，使用起来比较方便，但由于渐变是不可调节的，因此只能拍摄天空约占画面 50% 的照片；而使用方形中灰渐变镜时，需要买一个支架装在镜头前面才可以把滤镜装上，其优点是可以根据构图的需要调整渐变的位置。

使用中灰渐变镜降低明暗反差

当被摄体之间的亮度关系不好时，可以使用中灰渐变镜来改善画面的亮度平衡关系。中灰渐变镜可以在深色端减少进入相机的光线，在拍摄天空背景时非常有用，通过调整渐变镜的角度，将深色端覆盖天空，从而在保证浅色端图像曝光正常的情况下，还能使天空的云彩具有很好的层次。

在阴天使用中灰渐变镜改善天空影调

中灰渐变镜几乎是在阴天时唯一能够有效改善天空影调的滤镜。在阴天条件下，虽然密布的乌云显得很有层次，但是天空的亮度远远高于地面，所以拍摄出的画面中，天空会显得没有层次感，使用中灰渐变镜将天空压暗，云彩的层次就会得到很好的表现。

◀ 为了保证画面中的云彩获得正常的曝光，并表现出丰富的细节，使用了方形中灰渐变镜对天空进行减光处理『焦距：20mm ┊光圈：F9 ┊快门速度：1/60s ┊感光度：ISO100』

快门线

在对稳定性要求很高的情况下，通常会采用快门线与脚架结合使用的方式进行拍摄。其中，快门线的作用就是为了尽量避免直接按下机身快门时可能产生的震动，以保证相机的稳定，进而保证得到更高的画面质量。

▲ 这幅夜景照片的曝光时间达到了 20s，为了保证画面清晰，快门线与三脚架是必不可不少的装备『焦距：70mm ┊光圈：F14 ┊快门速度：20s ┊感光度：ISO100』

▲ 适用于 Nikon Z7 相机的 MC-DC2 快门线

遥控器

如同电视机的遥控器一样，我们可以在远离相机的情况下，使用快门遥控器进行对焦及拍摄，通常这个距离是 8m 左右，这已经可以满足自拍或拍集体照的需求了。在这方面，遥控器的实用性远大于快门线。

Nikon Z7 相机可使用的无线遥控器为 WR-R10/WR-T10 遥控器，当将接收器 WR-R10 插入相机的配件端子时，可以使用 WR-T10 遥控相机拍摄。WR-R10 也可以作用控制器控制闪光灯组件进行闪光拍摄。

需要注意的是，有些遥控器在面对相机正面进行拍摄时，会存在对焦缓慢甚至无法响应等问题，在购买时应注意试验，并问询销售人员。

▲ 使用遥控器，在跟小姐妹一起拍合影时，就不会因为少了自己而遗憾了『焦距：50mm ┊光圈：F6.3 ┊快门速度：1/200s ┊感光度：ISO100』

▲ WR-R10接收器

▲ WR-T10遥控器

脚架：保持相机稳定的基本装备

脚架是最常用的摄影配件之一，使用它可以让相机变得更稳定，以保证长时间曝光的情况下也能够拍摄到清晰的照片。

脚架的分类

市场上的脚架类型非常多，按材质可以分为木质、高强塑料材质、合金材料、钢铁材料、碳素纤维及火山岩等几种，其中以铝合金及碳素纤维材质的脚架最为常见。

铝合金脚架的价格较便宜，但重量较重，不便于携带；碳素纤维脚架的档次要比铝合金脚架高，便携性、抗震性、稳定性都很好，在经济条件允许的情况下，是非常理想的选择。它的缺点是价格很贵，往往是相同档次铝合金脚架的好几倍。

▲ 三脚架（左）与独脚架（右）

另外，根据支脚数量可把脚架分为三脚与独脚两种。三脚架用于稳定相机，甚至在配合快门线、遥控器的情况下，也可实现完全脱机拍摄；而独脚架的稳定性能要弱于三脚架，主要是起支撑的作用，在使用时需要摄影师来控制独脚架的稳定性，由于其体积和重量都只有三脚架的 1/3，无论是旅行还是日常拍摄携带都十分方便。

云台的分类

云台是连接脚架和相机的配件，用于调节拍摄的角度，包括三维云台和球形云台两类。三维云台的承重能力强、构图十分精准，缺点是占用的空间较大，在携带时稍显不便；球形云台体积较小，只要旋转按钮，就可以让相机迅速转到所需要的角度，操作起来十分方便。

▲ 三维云台（左）与球形云台（右）

Q：**在使用三脚架的情况下怎样做到快速对焦？**

A：使用三脚架拍摄时，通常是确定构图后相机就固定在三脚架上不动了，可是在这样的情况下，对焦之后锁定对焦点再微调构图的方式便无法实现了，因此，建议先使用单次自动对焦模式对画面进行对焦，然后再切换成手动对焦模式，只要手动调节至对焦区域的范围内，就可以实现准确对焦。即使构图做了一些调整，焦点也不会轻易改变。不过需要注意的是，变焦镜头在变焦后会导致焦点的偏移，所以变焦后需要重新对焦。

Nikon Z7

外置闪光灯

要在光线较暗的环境中拍出曝光正常、主体清晰的照片，最常用的附件就是闪光灯，尼康公司为不同定位的群体提供了多种不同性能的闪光灯，例如 SB-5000、SB-700、SB-500、SB-300、SB-R200 等。下面将以 SB-5000 闪光灯为例，讲解其基本结构。

认识闪光灯的基本结构

❶ **闪光灯头倾斜/旋转锁定解除按钮**
按下此按钮，可以调整闪光灯在水平及垂直方向上的角度

❷ **LCD显示屏**
显示及设置闪光灯的参数

❸ **模拟照明按钮**
按下此按钮，可用于正式拍摄之前检查闪光拍摄的效果

❹ **i按钮**
按下此按钮将显示 i 菜单，菜单中为常用设定功能

❺ **同步端子**
用户可根据拍摄需要，将同步线连接至此同步端子

❻ **安装底座锁定杆**
将闪光灯安装在相机上以后，可以将其拧至 L 位置上，以固定闪光灯

❼ **闪光灯头倾斜角度刻度**
表示当前闪光灯在垂直方向上旋转的角度

❽ **OK按钮**
确认功能的设置

❾ **无线设定按钮**
用于设定无线遥控时的控制模式

❿ **测试闪光按钮**
按下此按钮，可检查闪光灯能否正确闪光

⓫ **旋转式多重选择器**
可以按上、下、左、右方向键或旋转的方式来操作。可用于选择闪光模式或其他设定

⓬ **电源开关**
可控制闪光灯的开启或关闭电源

⓭ **MENU（菜单）按钮**
按下此按钮可以显示菜单

❶ **内置反射卡**
将其抽出后，可用于防止光线向上发散，有利于塑造眼神光

❷ **内置宽面板**
使用此内置宽面板可减轻画面边缘（尤其是四角）的暗角，及柔化阴影的作用

❸ **闪光灯面板**
用于输出闪光光线；还可用于数据的无线传输

❹ **非TTL自动闪光的闪光传感器**
用于自动设置相机的感光度及光圈

❺ **AF辅助照明器**
在弱光或低对比度环境中，此处将发射用于辅助对焦的光线

❻ **外接电源端子**
打开这里的盖子，可以使用专用的接口，将闪光灯连接至外部的电源

使用尼康外置闪光灯

如果希望使用尼康专用的闪光灯，可以选择尼康SB-5000、SB-700、SB-R200、SB-300这几款闪光灯，以及尼康SB-R200无线遥控闪光灯。

闪光灯型号	SB-5000	SB-700	SB-300	SB-R200
外观图				
照明模式	标准、平均、中央重点	标准、平均、中央重点	标准、平均、中央重点	标准、平均、中央重点
闪光模式	i-TTL、自动光圈闪光、非TTL自动闪光、距离优先手动闪光、手动闪光、重复闪光	i-TTL、距离优先手动闪光、手动闪光	i-TTL、手动闪光	TTL、i-TTL、D-TTL、手动闪光
闪光曝光补偿	±3，以1/3挡为增量进行调节	±3，以1/3挡为增量进行调节	±3，以1/3挡为增量进行调节	±3，以1/3挡为增量进行调节
闪光曝光锁定	支持	支持	支持	支持
高速同步	支持	支持	支持	支持
闪光指数	34.5（ISO100）	39（ISO200）	24（ISO100）	14（ISO200）
闪光范围（mm）	14~105（14mm需配合内置广角闪光转换器）	14~120（14mm需配合内置广角闪光转换器）	16~24	约40
回电时间（s）	2.9	2.5~3.5	2.9	6
垂直角度（°）	向下-7、0；向上45、60、75、90	向下-7、0；向上45、60、75、90	0、60、75、90	向下0、15、30、45、60；向上15、30、45
水平角度（°）	左右旋转0、30、60、75、90、120、150、180	左右旋转0、30、60、90、120、150、180	左右旋转180，可以定位在0、30、60、75、90、120、150、180	—

SB-R200无线遥控闪光灯主要用于微距摄影，在使用时由两支SB-R200闪光灯与SU800无线闪光灯控制器以及其他相关的附件组成一个完整的微距闪光系统，又称为R1C1套装。

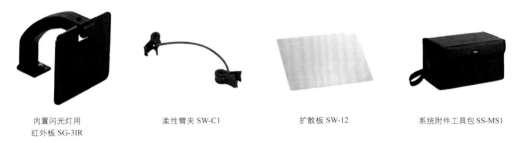

内置闪光灯用
红外板 SG-3IR

柔性臂夹 SW-C1

扩散板 SW-12

系统附件工具包 SS-MS1

▲ R1C1 闪光系统的部分附件

闪光灯闪光模式

　　Nikon Z7相机提供了 ⚡（补充闪光）、⚡◉（防红眼）、⚡◉SLOW（慢同步+红眼）、⚡SLOW（慢同步）、⚡REAR（后帘同步）和 ⚡（关闭）等多种闪光模式，但在不同的拍摄模式下，可选用的闪光模式也不尽相同。

补充闪光模式 ⚡

　　补充闪光模式在每次拍摄前都将闪光，在大多数情况下可以使用该模式。此闪光模式在所有曝光模式下都可以使用，但在程序自动和光圈优先模式下，快门速度将被自动设定为 1/200~1/60 秒（当使用自动 FP 高速同步时为 1/8000 ~1/60 秒）之间的值。

防红眼闪光模式 ⚡◉

　　使用闪光灯拍摄人像时，很容易产生"红眼"现象（即被摄人物的眼珠发红）。这是由于在暗光条件下，人的瞳孔处于较大的状态，在突然的强光照射下，视网膜后的血管被拍摄下来而产生"红眼"现象。

　　防红眼闪光模式的功能是，在闪光之前，闪光灯上的防红眼灯会亮起1秒，使被摄者的瞳孔自动缩小，然后再正式闪光拍照，这样即可避免或减轻"红眼"现象。此闪光模式在所有曝光模式下都可以使用。

设定步骤

❶ 在**照片拍摄**菜单，点击选择**闪光模式**选项

❷ 点击选择所需的闪光模式

▲ 未使用防红眼闪光灯模式拍摄的照片，可以看到模特的眼睛出现了"红眼"现象

▲ 使用防红眼闪光模式拍摄的照片，模特眼睛部分没有出现"红眼"现象『焦距：135mm ┊ 光圈：F5.6 ┊ 快门速度：1/320s ┊ 感光度：ISO200』

慢同步闪光模式 ⚡SLOW

　　在夜间拍摄人像时，使用补充闪光模式、防红眼闪光模式都会出现主体人物曝光准确，而背景却一片漆黑的现象。而使用慢同步闪光模式时，相机在闪光的同时会设定较慢的快门速度，使主体人物身后的背景也能够获得充分曝光。

　　此闪光模式仅在程序自动和光圈优先模式下可使用。

▲ 使用慢同步闪光模式拍摄时，不仅可以使前景的模特有很好的表现，就连背景漂亮的灯光也可以被表现得很好，这样拍摄出来的照片效果更自然、真实『焦距：50mm┊光圈：F1.8┊快门速度：1/40s┊感光度：ISO100』

慢同步+红眼闪光模式 ⚡◎SLOW

　　此闪光模式是慢同步与防红眼两种闪光模式的组合，使用此闪光模式拍摄的画面，既可以使人物与背景都得到合适的曝光，而且人物眼睛也不会出现红眼现象，适用于人物或动物拍摄对象。

　　此闪光模式仅在程序自动和光圈优先模式下可使用。

▲ 使用慢同步+红眼闪光模式拍摄夜景人像，不但画面的背景可以得到充分曝光，而且在闪光拍摄时人眼也不会出现"红眼"『焦距：35mm┊光圈：F3.5┊快门速度：1/45s┊感光度：ISO100』

关闭闪光模式 ⊘

　　当受到环境限制不能使用闪光灯，或不希望使用闪光灯时，可选择关闭闪光模式。如在拍摄野生动物时，为了避免野生动物受到惊吓，应选择关闭闪光模式；又如，在拍摄1岁以下的婴儿时，为了避免伤害到婴儿的眼睛，也应禁止使用闪光灯。

　　此外，在拍摄舞台剧、会议、体育赛事、宗教场所、博物馆等题材时，也应该关闭闪光灯。

后帘同步闪光模式 ⚡REAR

使用此闪光模式时，闪光灯在曝光将要结束的时候进行闪光，因此，当进行长时间曝光形成光线拖尾时，此模式可以让拍摄对象出现在光线的上方；而前帘同步闪光模式（除后帘同步闪光模式外的其他闪光模式为前帘同步闪光）则是在相机快门刚开启的瞬间就开始闪光，因此长时间曝光后拍摄对象将出现在光线的下方。前帘同步与后帘同步都属于慢速闪光同步的一种。

此闪光模式可以在程序自动、光圈优先、快门优先和手动模式下使用。

▶ 使用前帘同步闪光模式拍摄，使运动中的人像前方出现重影，看上去产生人在后退的错觉『焦距：24mm ┊ 光圈：F5.6 ┊ 快门速度：1/2s ┊ 感光度：ISO640』

▲ 使用后帘同步闪光模式拍摄，可以使背景模糊而人像清晰，由于运动生成的光线拖尾在实像的后面，看上去更真实、自然『焦距：38mm ┊ 光圈：F5.6 ┊ 快门速度：1/2s ┊ 感光度：ISO640』

与闪光相关的菜单功能

闪光控制模式

当在Nikon Z7相机上安装了SB-5000、SB-500、SB-400或SB-300等支持统一控制的外置闪光灯，或为无线遥控的闪光灯设置时，可以通过"闪光控制模式"菜单选择闪光控制模式和闪光级别，可用选项根据所选闪光模式的不同而异。

  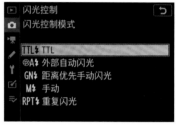

❶ 在**照片拍摄**菜单，点击选择**闪光控制**选项

❷ 点击**闪光控制模式**选项

❸ 点击所需的选项

● TTL：选择此选项，将根据拍摄环境自动调整闪光量。当使用SB-500、SB-400和SB-300闪光灯时，可以在"闪光补偿"中调整闪光补偿值。

● 外部自动闪光：在此模式下，闪光灯将根据从拍摄对象反射而来的光线量而自动调整闪光量。在此模式下，也支持用户根据拍摄需求调整闪光补偿。

● 距离优先手动闪光：在此模式下，用户可以选择到拍摄对象的距离。然后根据所选的距离闪光灯自动调整闪光量，并且也可以设置闪光补偿。

● 手动：选择此选项，可在"全光"至"1/128"之间选择闪光级别。

● 重复闪光：选择此选项，快门开启时闪光灯重复闪光，从而产生一种多重曝光效果。在详细设置界面中，用户可以选择闪光级别（即闪光量）、闪光灯闪光的最大次数（即闪光次数）以及闪光灯每秒钟闪光的次数（频率）。

无线闪光选项

此选项设定当使用多个闪光灯时的无线控制方法。当在相机上安装了SB-5000闪光灯或者WR-10无线遥控器时，此选项才可激活。

❶ 在**闪光控制**菜单中点击选择**无线闪光选项**

❷ 点击选择所需的选项

● 光学AWL：选择此选项，使用由主闪光灯（即安装在热靴上的闪光灯）发出的低亮度闪光遥控其他闪光灯闪光。

● 光学/无线电AWL：选择此选项，同时使用光学控制和无线电控制的方式使其他闪光灯闪光。

● 无线电AWL：此选项需要在相机上安装WR-10无线遥控器，以它发出无线信号来遥控闪光灯闪光。

● 关闭：选择此选项，则禁用遥控闪光灯拍摄

遥控闪光控制

此选项用于遥控闪光拍摄时的设置。

● 组闪光灯：为每组遥控闪光灯分别选择一个闪光控制模式。

● 快速无线控制：选择A组和B组之间的闪光量比率，并手动设定C组的闪光量。

● 遥控重复：快门打开期间闪光灯重复闪光，从而产生一种多重曝光效果。

❶ 在**闪光控制**菜单中点击选择**遥控闪光控制**选项

❷ 点击选择所需的选项

快速无线控制选项

当在"遥控闪光控制"选项中选择了快速无线控制选项时，可以在此菜单设定相关控制选项。

● 输出（A：B）：选择A组和B组闪光灯的闪光量比例。

● 补偿：为A组和B组闪光灯设定闪光补偿量。

● C组：选择C组闪光灯的闪光控制模式和闪光级别。若选择了"--"选项，则表示不使用C组闪光灯闪光。

❶ 在**闪光控制**菜单中点击选择**快速无线控制选项**

❷ 点击选择所需的选项

● 通道：选择主闪光灯的通道数值。若闪光灯组中有SB-500闪光灯，需要选择3。其他被遥控的组闪光灯需要设置与主闪光灯相同的通道数值。

控制闪光补偿

闪光补偿的作用是增加或减少闪光灯的闪光输出量，以确保拍摄到更明亮或稍暗淡一些的被摄对象。闪光补偿可在-3EV~ +1EV范围内以1/3EV为增量调整闪光量，从而改变主要被摄对象相对于背景的亮度。增加闪光量可使主要被摄对象显得更加明亮；减少闪光量可以降低主体的亮度，并在一定程度上防止画面出现过亮的区域或反射光。

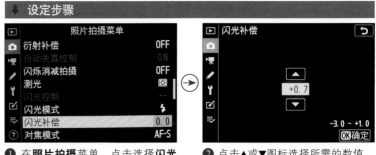

❶ 在**照片拍摄**菜单，点击选择**闪光补偿**选项

❷ 点击▲或▼图标选择所需的数值，然后点击OK确定图标确认

将闪光补偿设为±0.0可恢复正常闪光量。需要注意的是，相机被关闭时，闪光补偿不会被重设。

闪光同步速度

当在Nikon Z7相机上安装了外置闪光灯时,如果外置闪光灯支持高速同步功能,则可以使用高速闪光同步功能,它允许在任何快门速度下使用闪光灯。在明亮光线下拍摄人像或使用大光圈拍摄时,利用"闪光同步速度"选项可以选择大光圈、高速快门进行拍摄。

该菜单用于控制闪光同步速度,也就是闪光灯闪光的速度与快门速度的同步值。

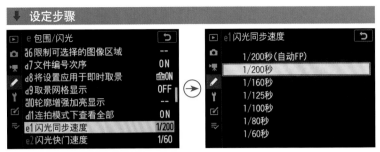

❶ 进入**自定义设定**菜单,选择e**包围/闪光**中的e1 **闪光同步速度**选项

❷ 点击选择所需快门速度选项

● 1/200 秒(自动FP):当在相机上安装了支持自动FP高速同步功能的闪光灯,那么相机(P和A模式下)或用户(S和M模式下)可选择最高达1/8000秒的快门速度。若安装了其他闪光灯,快门速度将设为1/200秒。

● 1/200 秒~1/60 秒:选择不同的选项,则相机的快门速度最高只能使用该选项所定义的数值。例如,如果选择1/80秒,则相机的最高快门速度只能达到1/80s。

闪光快门速度

如同拍摄不同的对象需要使用不同的快门速度一样,用闪光灯进行补光时,也可以根据需要选择不同的闪光快门速度。例如,如果希望以15秒的时间进行曝光,并使用闪光灯进行照明,则可以在此处选择15秒的闪光快门速度。

在Nikon Z7中,该菜单用于设置在P挡程序自动模式或A挡光圈优先模式下,使用前、后帘同步或防红眼闪光模式时可使用的最低快门速度。闪光快门速度的取值范围为1/60~30秒。

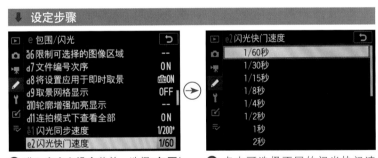

❶ 进入**自定义设定**菜单,选择e**包围/闪光**中的e2 **闪光快门速度**选项

❷ 点击可选择不同的闪光快门速度值

高手点拨:不论选择何种选项,在S挡快门优先模式和M挡全手动模式下,或者当闪光灯被设为慢同步、慢后帘同步或防红眼+慢同步时,快门速度可慢至30秒。

外置闪光灯使用高级技法

利用离机闪光灵活控制光位

当外置闪光灯在相机的热靴上无法自由移动的时候，摄影师就只有顺光一种光位可以选择，为了追求更多的光位效果，就需要把外置闪光灯从相机上取下来，即进行离机闪光。

要实现离机闪光，可以采取 3 种方法：第一种是利用安装在热靴上的外置闪光灯引闪其他外置闪光灯，这种方法经济、方便，但可控性较低；第二种是利用 WR-R10 无线遥控器无线遥控闪光灯闪光，但这种方法仅适用于 SB5000 闪光灯；第三种是使用专业的无线闪光灯信号发射器——SU-800，其功能很强大，可以同时引闪三组闪光灯。

▲ 专业的无线闪光灯信号发射器 SU-800 正面及背面

用跳闪方式进行补光拍摄

所谓跳闪，通常是指使用外置闪光灯通过反射的方式将光线反射到被摄对象上，最常用于室内或有一定遮挡的人像摄影中，这样可以避免直接对被摄对象进行闪光，从而造成光线太过生硬，且容易形成没有立体感的平光效果。在室内拍摄人像时，常常通过调整闪光灯的照射角度，让其向着房间的顶棚进行照射，然后将光线反射到人物身上，这在人像、现场摄影中是最常见的一种补光形式。

▲ 跳闪补光示意图

▶ 用闪光灯向屋顶照射光线，使之反射到人物身上进行补光，以降低画面的光比，使人物的皮肤更加细腻、柔和『焦距：35mm ┆光圈：F6.3 ┆快门速度：1/125s ┆感光度：ISO320』

▲ 使用离机闪光，不仅能够使光位更灵活，还能够为画面增加趣味『焦距：50mm ┆光圈：F1.4 ┆快门速度：1/320s ┆感光度：ISO250』

消除广角拍摄时产生的阴影

在使用闪光灯为使用广角焦距拍摄的对象进行补光时，很可能会超出闪光灯的补光范围，因此就可能产生一定的阴影或暗角效果，此时将闪光灯上面的内置广角散光板拉下来，就可以基本清除阴影或暗角问题。

▲ 广角散光板

▲ 这幅照片则是拉下内置广角散光板后使用24mm焦距拍摄的结果，可以看出画面四角的阴影及暗角并不明显『焦距：24mm ┊ 光圈：F9 ┊ 快门速度：1/100s ┊ 感光度：ISO100』

▲ 此照片是收回内置广角散光板后拍摄的效果，由于已经超出了闪光灯的广角照射范围，因此形成了较重的阴影及暗角，非常影响画面的表现

柔光罩：让光线变得柔和

柔光罩是专用于闪光灯上的一种硬件设备，由于直接使用闪光灯拍摄时会产生比较生硬的光照，而使用柔光罩后，可以让光线变得柔和——当然，光照的强度也会随之变弱，可以使用这种方法为拍摄对象补充自然、柔和的光线。

在内置和外置闪光灯上都可以添加柔光罩，其中外置闪光灯的柔光罩类型比较多，比较常见的有肥皂盒、碗形柔光罩等，配合外置闪光灯强大功能，可以更好地进行照亮或补光处理。

◀ 外置闪光灯的柔光罩

▶ 将闪光灯及柔光罩搭配使用时，为人物进行补光后拍摄的效果，可以看出画面中的光线非常柔和、自然『焦距：35mm ┊ 光圈：F11 ┊ 快门速度：1/125s ┊ 感光度：ISO100』

正确测光拍出人物细腻皮肤

对于人像摄影而言，皮肤是非常重要的表现内容，而要表现细腻、光滑的皮肤，测光是非常重要的一步工作。准确地说，拍摄人像时应采用中央重点测光或点测光模式，对人物的皮肤进行测光。

如果是在午后的强光环境下，建议还是找有阴影的地方进行拍摄，如果环境条件不允许，那么可以对皮肤的高光区域进行测光，并对阴影区域进行补光。

在室外拍摄时，如果光线比较强烈，可以以人物的面部皮肤作为曝光的依据，适当增加半挡或 2/3 挡的曝光补偿，让皮肤获得足够的光照而显得光滑、细腻，而其他区域的曝光可以不必太在意，因为相对其他部位来说，女孩子更在意自己的面部皮肤如何。

▲ 红框位置即为测光点

▲ 使用点测光对人物脸部皮肤进行测光，获得了白皙的肤色『焦距：50mm；光圈：F1.8；快门速度：1/800s；感光度：ISO200』

用广角镜头拍摄视觉效果强烈的人像

使用广角或超广角镜头拍摄的照片都会有不同程度的变形，如果要拍摄写实人像，则应该避免使用广角镜头。但如果希望拍出更有个性的人像照片，则可以考虑使用广角镜头。

首先，利用广角镜头的变形特性可以修饰模特的身材，在拍摄时只需要将模特的腿部安排在画面的下三分之一处，就能够使其看上去更修长。

其次，可以利用其透视变形的特性来增强画面的张力与冲击力。

但使用镜头的广角端拍摄人像时，应注意如下两点。

1. 拍摄时要距离模特比较近，这样才可以充分发挥广角端的特性。如果使用广角端拍摄时离模特太远，会使主体显得不够突出，且带入太多背景也会使画面显得杂乱。

2. 使用广角镜头拍摄比较容易出现暗角现象，素质越高的镜头则这种现象越不明显。在拍摄时应注意为后期修饰留出较大空间。且在为广角镜头搭配遮光罩时，应该使用专用的遮光罩，并注意不要在广角全开时使用，从而避免由于遮光罩的原因所产生的暗角问题。

▶ 使用广角镜头拍摄，在表现人物的同时，将周围的环境也表现得很好『焦距：18mm︱光圈：F10︱快门速度：1/125s︱感光度：ISO100』

三分法构图拍摄完美人像

　　简单来说，三分法构图就是黄金分割法的简化版，是人像摄影中最为常用的一种构图方法，其优点是能够在视觉上给人以愉悦和生动的感受，避免人物居中的呆板感觉。Nikon Z7 在拍摄状态下提供了网格线显示功能，我们可以将它与黄金分割曲线完美地结合在一起使用。

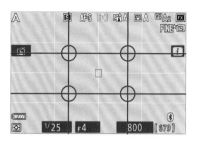

▲ Nikon Z7 供的网格可以辅助我们轻松地进行三分法构图（其中红色线条是示意线条，白色线条是真实显示线条）

▲ 将人物放在靠左边的三分线处，画面显得简洁又不失平衡，同时虚化的背景也更好地突出了人物甜美的气质『焦距：35mm ┊光圈：F2.8 ┊快门速度：1/400s ┊感光度：ISO125』

高手点拨：虽然，在此显示的并不是三分线网格，但仍然可以利用网格中的水平、垂直线条来辅助摄影师进行构图。而如果希望将主体安排在三分线的交点处，可以考虑将其安排在取景网格线交点处向内收缩一点的位置，即上图中红色线条的交点处。

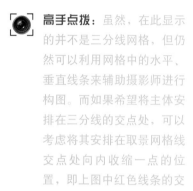

　　对于纵向构图的人像而言，通常是以眼睛作为三分法构图的参考依据，当然，随着拍摄面部特写到全身像的范围变化，构图的标准也略有不同。

◀ 在对人物头部进行特写构图时，通常会将人物眼睛置于上面第 1 条网格线附近『焦距：50mm ┊光圈：F2.8 ┊快门速度：1/250s ┊感光度：ISO100』

使用 S 形构图表现女性柔美的身体曲线

在现代人像拍摄中，尤其是人体摄影中，S 形构图越来越多地用来表现女性身体某一部位的线条感。S 形构图中线条朝哪个方向弯曲以及弯曲的力度都是有讲究的（弯曲的力度越大，表现出来的力量也就越大）。所以，在人像摄影中，用来表现身体曲线的 S 形线条的弯曲程度都不会太大，否则被摄对象要很用力，从而影响身体其他部位的表现。

▶ 模特采用侧身跪立的姿势较好地表现出了其身体的 S 形曲线『焦距：35mm ┊光圈：F2.8 ┊快门速度：1/500s ┊感光度：ISO100』

用侧逆光拍出唯美人像

在拍摄女性人像时，为了将她们美丽的头发从繁纷复杂的场景中分离出来，常常需要借助低角度的侧逆光来制造漂亮的头发光，以增加其妩媚动人感。

如果在自然光环境中，拍摄时间应该选择下午 5 点左右，这时太阳西沉，距离地平线相对较近，因此角度较低，拍摄时让模特背侧向太阳，使阳光以斜向 45 度的方向照向模特，即可形成漂亮的头发光。美丽的发丝会在光线的照耀下散发着金色的光芒，使其质感、发型样式都得到完美表现，模特看起来更漂亮。

由于背侧向光线，因此需要借助反光板或闪光灯为人物正面进行补光，以表现其光滑细嫩的皮肤。

▶ 侧逆光在模特身上形成了好看的轮廓光，在拍摄时为了避免背光的面部过暗，使用了大面积反光板为模特补光『焦距：50mm ┊光圈：F2.8 ┊快门速度：1/400s ┊感光度：ISO100』

逆光塑造人像剪影效果

在运用逆光拍摄人像时，由于在纯逆光的作用下，画面会呈现出被摄体黑色的剪影，因此逆光常常作为塑造剪影效果的首选光线。而在配合其他光线使用时，被摄体背后的光线和其他光线会产生强烈的明暗对比，从而勾勒出人物美妙的线条。也正是因为逆光具有这种艺术效果，因此逆光也被称为"轮廓光"。

通常采用这种手法拍摄户外人像，测光时应该使用点测光对准天空较亮的云彩进行测光，以确保天空中云彩有细腻丰富的细节，主体人物的轮廓线条清晰、优美。

▶ 逆光拍摄时，使用点测光对亮处测光可得到剪影效果的人像，以暖调的夕阳为背景，画面给人一种温馨、祥和的感觉『焦距：135mm ┊ 光圈：F6.3 ┊ 快门速度：1/800s ┊ 感光度：ISO100』

中间调记录真实自然的人像

中间调的明暗分布没有明显的偏向，画面整体趋于一个比较平衡的状态，在视觉感受上也没有轻快和凝重的感觉。

中间调是最常见也是应用最广泛的一种影调形式，在拍摄时也是最简单的，只要保证环境光线比较正常，并设置好合适的曝光参数即可。

▶ 无论是艺术写真或日常记录，中间调都是我们最常用的影调形式『焦距：35mm ┊ 光圈：F2.8 ┊ 快门速度：1/1250s ┊ 感光度：ISO400』

高调风格适合表现艺术化人像

高调人像的画面影调以亮调为主，暗调部分所占比例非常小，较常用于女性或儿童人像照片，且多用于偏向艺术化的视觉表现。

在拍摄高调人像时，模特应该穿白色或其他浅色的服装，背景也应该选择相匹配的浅色，并在顺光环境下进行拍摄，以利于画面的表现。如果在影棚内拍摄，应该用有柔光材料的照明灯，以获得较小的光比并减少阴影面积，从而形成高调画面效果。

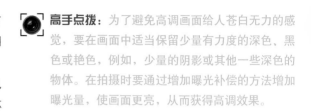

高手点拨：为了避免高调画面给人苍白无力的感觉，要在画面中适当保留少量有力度的深色、黑色或艳色，例如，少量的阴影或其他一些深色的物体。在拍摄时要通过增加曝光补偿的方法增加曝光量，使画面更亮，从而获得高调效果。

▼ 采用高调拍摄的写真照片，干净的画面使模特看起来非常清纯、甜美『焦距：35mm ┊ 光圈：F4 ┊ 快门速度：1/160s ┊ 感光度：ISO640』

低调风格适合表现个性化人像

与高调人像相反，低调人像的影调构成以较暗的颜色为主，基本由黑色及部分中间调颜色组成，亮部所占的比例较小。

在拍摄低调人像时，除了要求模特穿着深暗色的服饰以避免大面积的白色或浅色出现在画面中外，还要求用大光比光线，如逆光或侧逆光。在这样的光线照射下，可以将被摄人物隐没在黑暗中，但同时又勾勒出被摄人物的优美轮廓，形成低调画面。

如果逆光拍摄，应该对背景的高光位置进行测光；如果采用侧光或顺光拍摄，应对模特身体上的高光区域进行测光。在获得测光读数后，通常需要做负向曝光补偿以减少曝光量，使画面变暗，从而获得低调人像照片。在测光时，应优先使用点测光模式，以便获得准确曝光。

在室内或影棚中拍摄低调人像时，根据要表现的内容，通常布置1~2 盏灯，正面光通常用于表现深沉、稳重的人像，侧光常用于突出人物的线条，而逆光则常用于表现人物的形体造型或头发（即发丝光）。

▲ 夕阳的余晖为低调的画面增添了色彩，跃起的剪影人像形体很美，也很有动感『焦距：35mm ┊光圈：F10 ┊快门速度：1/250s ┊感光度：ISO200』

 高手点拨：在拍摄时，还要注重运用局部高光，如照亮面部或身体局部的高光以及眼神光等，以其少量的白色或浅色、亮色，使画面在深暗色的总体氛围下呈现出生机，以免低调画面显得灰暗无神。

使用道具营造画面氛围

为了使画面更具有某种气氛，一些辅助性的道具是必不可少的，例如婚纱、女性写真人像摄影中常用的鲜花、阴天拍摄时用的雨伞。这些道具不仅能够为画面增添气氛，还可以使人像摄影中较难处理的双手呈现较好的姿势。

道具的使用不但可以营造出一种更加生动的氛围，还可以起到修饰、掩饰的作用，如常使用的面具、礼帽、艺术眼罩，甚至是夸张的假发，这些道具都可以掩饰模特瑕疵之处，使画面更精美悦目。

◀颜色鲜艳的气球、糖果和笔丰富了画面，给人活泼、俏皮感『焦距：35mm┆光圈：F3.5┆快门速度：1/80s┆感光度：ISO100』

为人物补充眼神光

眼神光是指通过运用光照使人物眼球上形成微小光斑，从而使人物的眼神更加传神生动。眼神光在刻画人物的神态时有不可替代的作用，其往往也是人像摄影的点睛之笔。

无论是什么样的光源，只要是位于人物面前且有足够的亮度，通常都可以形成眼神光。下面介绍几种制造眼神光的方法。

利用反光板制造眼神光

在所有制造眼神光的方法中，使用反光板是最为人所推崇的，原因就在于它便于控制，而且形成的眼神光较大且柔和。

眼神光板是中高端闪光灯才拥有的组件，尼康 SB-5000、SB-700 这两款闪光灯都有此功能，平时可收纳在闪光灯的上方，在使用时将其抽出即可。眼神光板最大的功能就是借助闪光灯在垂直方向上可旋转一定角度的特点，将闪光灯射出的少量光线反射至人眼中，从而形成漂亮的眼神光，虽然其效果并非最佳（最佳的方法是使用反光板补充眼神光），但至少可以达到有聊胜无的效果，可以在一定程度上让眼睛更有神。

▶ 通过在模特前面安放反光板的方法，使模特的眼睛中呈现出明亮的眼神光，其眼睛看起来更加有神『焦距：70mm ┆ 光圈：F7.1 ┆ 快门速度：1/125s ┆ 感光度：ISO100』

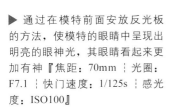

利用窗户光制造眼神光

在拍摄人像时，最好使用超过肩膀的窗户照进来的光线制造眼神光，根据窗户的形态及大小的不同，可形成不同效果的眼神光。

利用来自窗户的光线为模特增加眼神光时，如果来自窗户的光线不够明亮，可以通过在窗户外面安放离机闪光灯的方法为模特增强眼神光的效果。

▲ 在窗前拍摄既可以得到充足的光线，也可以为人物的眼睛补充眼神光，使画面看起来十分生动、自然『焦距：35mm ┊ 光圈：F2.8 ┊ 快门速度：1/250s ┊ 感光度：ISO100』

利用闪光灯制造眼神光

利用闪光灯也可以制造眼神光效果，但光点较小。多灯会形成多个眼神光，而单灯会形成一个眼神光，所以在人物摄影中，通过布光的方法制造眼神光时，所使用的闪光灯越少越好，一旦形成大面积的眼神光，反而会使人物显得呆板，不利于人物神态的表现，更起不到画龙点睛的作用。

◀ 使用闪光灯为人物补充眼神光，明亮的眼神光使人物变得很有精神，模特熠熠闪亮的眼睛成了画面的焦点『焦距：50mm ┊ 光圈：F16 ┊ 快门速度：1/125s ┊ 感光度：ISO200』

儿童摄影贵在真实

对儿童摄影而言，可以拍摄他们在欢笑、玩耍甚至是哭泣的自然瞬间，而不是指挥他们笑一个，或将手放在什么位置。除了专业模特外，这样的要求对绝大部分成人来说都会感到紧张，更何况那些纯真的孩子们。

即使您真的需要让他们笑一笑或做出一个特别的姿势，那也应该采用间接引导的方式，让孩子们发自内心、自然地去做，这样拍出的照片才是最真实、最具有震撼力的。

另外，为了避免孩子们在看到有人给自己拍照时感到紧张，最好能用长焦镜头，这样可以尽可能在不影响他们的情况下，拍摄到最真实、自然的照片。

这一点与拍摄成人的人像照片颇有相似之处，只不过孩子们在这方面更敏感一些。当然，如果能让孩子完全无视您的存在，这个问题也就迎刃而解了。

▲ 拍摄宝宝照片时，可以抓拍宝宝哭泣的表情，不但是最好的记忆，也是最真实的画面『焦距：33mm ┆ 光圈：F5.6 ┆ 快门速度：1/180s ┆ 感光度：ISO400』

禁用闪光灯以保护儿童的眼睛

闪光灯的瞬间强光对儿童尚未发育成熟的眼睛有害，因此，为了他们的健康着想，拍摄时一定不要使用闪光灯。

在室外拍摄时通常比较容易获得充足的光线，而在室内拍摄时，应尽可能打开更多的灯或选择在窗户附近光线较好的地方，以提高光照强度，然后配合高感光度、镜头的防抖功能及倚靠物体等方法，保持相机的稳定。

▲ 选择在窗户的旁边拍摄儿童，不仅能够使其眼睛中形成漂亮的眼神光，还可以避免使用闪光灯『焦距：50mm ┊ 光圈：F2.8 ┊ 快门速度：1/125s ┊ 感光度：ISO200』

用玩具吸引儿童的注意力

儿童摄影非常重视道具的使用，这些东西能够吸引孩子的注意力，让他们表现出更自然、真实的一面。很多生活中随意的一些东西，只要符合孩子们的兴趣，都可以成为道具，这样，拍摄出来的照片气氛更活跃，内容更丰富，也更有意思。

▲ 给孩子一辆玩具车，能吸引住他的注意力，这样就可以拍出比较乖巧的照片啦『焦距：50mm ┊ 光圈：F4 ┊ 快门速度：1/320s ┊ 感光度：ISO100』

增加曝光补偿表现娇嫩肌肤

绝大多数儿童的皮肤都可以用"剥了壳的鸡蛋"来形容，在实际拍摄时，儿童的面部也是需要重点表现的部位，因此，如何表现儿童娇嫩的肌肤，就是每一个专业儿童摄影师甚至家长应该掌握的技巧。

首先，给儿童拍摄时应尽量使用散射光，在这样的光线下拍摄儿童，不会由于光比较大而出现浓重的阴影，儿童的皮肤看起来也更加柔和、细腻。

其次，可以在拍摄时增加曝光补偿，即在正常测光数值的基础上，适当地增加0.3~1挡的曝光补偿，这样拍摄出来的照片会更亮、更通透，儿童的皮肤也会显得更加粉嫩、白皙。

▲ 通过增加半挡曝光补偿，孩子的皮肤显得非常娇嫩『焦距：35mm ┊光圈：F4 ┊快门速度：1/320s ┊感光度：ISO200』

拍摄合影珍藏儿时的情感世界

儿童摄影对于情感的表达非常重要，儿童与玩具、父母、兄弟姐妹及玩伴之间的情感描绘，常常给人以温馨、美好的感受，是摄影师最喜爱的拍摄题材之一。

在拍摄玩伴之间充满童趣的画面时，由于拍摄对象已经由一个人变为两个甚至更多的人，有时可能是一个人的表情很好，但其他人却不在状态。因此，如何把握住最恰当的瞬间进行拍摄，就需要摄影师拥有足够的耐心和敏锐的眼光，同时，也可以适当调动、引导孩子们的情绪，但注意不要太过生硬、明显，以免引起他们的紧张。

▶ 摄影师将镜头对准小女孩向羞怯小男孩主动献吻的玩笑瞬间，记录下了儿童单纯而直接的情感世界，画面颇具趣味性『焦距：85mm ┊光圈：F3.5 ┊快门速度：1/1250s ┊感光度：ISO200』

第11章

尼康 Z6/Z7 风光摄影技巧

拍摄山峦的技巧

连绵起伏的山峦，是众多风光题材中最具视觉震撼力的。虽然要拍摄出成功的山峦作品，需要付出更多的辛劳和汗水，但还是有非常多的摄影爱好者乐此不疲。

不同角度表现山峦的壮阔

拍摄山峦最重要的是要把雄伟壮阔的整体气势表现出来，"远取其势，近取其貌"的说法非常适合拍摄山峦。要突出山峦的气势，就要尝试从不同的角度去拍摄，如诗中所说"横看成岭侧成峰，远近高低各不同"，所以必须寻找一个最佳的拍摄角度。

采用最多的角度无疑还是仰视，以表现山峦的高大、耸立。当然，如果身处山峦之巅或较高的位置，则可以采取俯视的角度表现"一览众山小"之势。

另外，平视也是采取较多的拍摄角度，采用这种视角拍摄的山峦比较容易形成三角形构图，从而表现其连绵壮阔的气势。

▲ 摄影师位于较低位置仰视拍摄大山，山体自身的纹理很好地突出了其高耸的气势『焦距：200mm ┆ 光圈：F13 ┆ 快门速度：1/250s ┆ 感光度：ISO200』

▼ 选择平视的角度拍摄，较好地表现了山峦连绵壮阔的气势『焦距：18mm ┆ 光圈：F14 ┆ 快门速度：1/1250s ┆ 感光度：ISO250』

用云雾体现山的灵秀飘逸

山与云雾总是相伴相生，各大名山的著名景观中多有"云海"，例如黄山、泰山、庐山，都能够拍摄到很漂亮的云海照片。云雾笼罩山体时其形体就会变得模糊不清，在隐隐约约之间，山体的部分细节被遮挡，在朦胧之中产生了一种不确定感，拍摄这样的山脉，会使画面产生一种神秘、缥缈的意境，山脉也因此显现出一种灵秀感。

如果只是拍摄飘过山顶或半山的云彩，只需要选择合适的天气即可，高空的流云在风的作用下，会与山产生时聚时散的效果，拍摄时多采用仰视的角度。

如果拍摄的是山间云海的效果，应该注意选择较高的拍摄位置，以至少平视的角度进行拍摄，在选择光线时，应该采用逆光或侧逆光，同时注意对画面做正向曝光补偿。

▲ 山间的云雾为山体增加了缥缈的神秘感，整个画面兼具形式美感与意境美感『焦距：16mm ┊光圈：F22 ┊快门速度：1/2s ┊感光度：ISO100』

Q：如何拍出色彩鲜艳的图像？

A：可以在"优化校准"菜单中选择色彩较为鲜艳的"风光"选项。

如果想要使色彩看起来更为艳丽，可以加强"饱和度"选项的数值；另外，加强"对比度"选项的数值也会使照片的色彩更为鲜艳。不过需要注意的是，在调节数值时不能过大，避免出现色彩失真的现象，导致画面细节损失。

Q：如何平衡画面中的高亮部分与阴影部分？

A：开启相机内的"动态D-Lighting"功能。此功能能够自动调整亮部与暗部的细节，调整出最佳亮度与反差。

用前景衬托山峦表现季节之美

在不同的季节里，山峦会呈现出不一样的景色。

春天的山峦在鲜花的簇拥之中显得美丽多姿；夏天的山峦被层层树木和小花覆盖，显示出了大自然强大的生命力；秋天的红叶使山峦显得浪漫、奔放；冬天山上大片的积雪又让人感到寒冷和宁静。可以说四季之中，山峦各有不同的美感，只要寻找合适的角度即可。

拍摄不同时节的山峦要注意通过构图方式、景别、前景或背景衬托等形式体现出山峦的特点。

▲ 以黄绿渐变的树林为前景，与青色的山峰形成鲜明的对比，展现出了秋天的景象，而天空挂着的彩虹让画面更添了一丝绚丽『焦距：50mm ┆光圈：F10 ┆快门速度：1/200s ┆感光度：ISO160』

用光线塑造山峦的雄奇伟峻

在有直射阳光的时候，用侧光拍摄有利于表现山峦的层次感和立体感，明暗层次使画面更加富有活力。如果能够遇到日照金山的光线，将是不可多得的拍摄良机。

采用侧逆光并对亮处进行测光，拍摄山体的剪影照片，也是一种不错的表现山峦的方法。在侧逆光的照射下，山体往往有一部分处于光照之中，因此不仅能够表现出明显的轮廓线条和山体的少部分细节，还能够在画面中形成漂亮的光线效果，因此是比逆光更容易出效果的光线。

▲ 使用侧光拍摄山峰，受光面与背光面形成了强烈的明暗对比，画面显得立体感十足。暖色的光线与蓝色的天空形成了鲜明的色彩对比，使山峰显得更加突出『焦距：200mm ┆光圈：F9 ┆快门速度：1/125s ┆感光度：ISO200』

拍摄树木的技巧

　　树木在生活中非常常见，所以在拍摄时要有新意，要对树木有特色的地方进行重点表现，这样才能给人留下更加深刻的印象。

以逆光表现枝干的线条

　　在拍摄树木时，可将其树干作为画面突出呈现的重点，采用较低机位的仰视角度进行拍摄，以简练的天空作为画面背景，在其衬托对比之下体现枝干的线条造型，这样的照片往往有较大的光比，因此多用逆光进行拍摄。

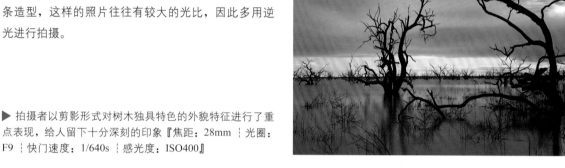

▶ 拍摄者以剪影形式对树木独具特色的外貌特征进行了重点表现，给人留下十分深刻的印象『焦距：28mm ┊光圈：F9 ┊快门速度：1/640s ┊感光度：ISO400』

仰视拍摄表现树木的挺拔与树叶的通透美感

　　采用仰视的角度拍摄树木，有两个优点，其一是如果拍摄时使用的是广角镜头，可以获得树木在画面中向中间汇聚的奇特视觉效果，大大增强了画面的新奇感，即使未使用广角镜头，也能够拍摄出树梢直插蓝天或树冠遮天蔽日的效果；其二是可以借助蓝天背景与逆光，拍摄出背景色彩纯粹的通透质感的树叶，在拍摄时应该针对树叶上比较明亮的区域测光，从而使这部分区域得到正确曝光，而树干则会在画面中以阴影线条的形式出现，拍摄时可以尝试做正向曝光补偿，以增强树叶的通透质感。

▶ 拍摄者通过仰视表现树林，利用树干形成了强烈的视觉透视效果，突出画面空间感『焦距：16mm ┊光圈：F10 ┊快门速度：1/500s ┊感光度：ISO100』

拍摄树叶展现季节之美

树叶也是无数摄影爱好者喜爱的拍摄题材之一，无论是金黄还是血红的树叶，总能够在恰当的对比色下展现出异乎寻常的美丽。如果希望表现漫山红遍、层林尽染的整体气氛，应该用广角镜头；而长焦镜头则适合于对树叶进行局部特写表现。由于拍摄树叶的重点是表现其颜色，因此应该将注意力放在画面的背景色选择方面，以最恰当的背景色来对比或衬托树叶。

要拍出漂亮的树叶，最好的季节是夏天或秋天。夏季的树叶茂盛而翠绿，拍摄出的照片充满生机与活力。如果在秋天拍摄，由于树叶呈大片的金黄色，能够给人一种强烈的丰收喜悦感。

顺光下，黄色的树叶与蓝天形成了鲜明的色彩对比，画面中黄色的树木占据了大面积，给人一种温暖感『焦距：24mm┊光圈：F10┊快门速度：1/800s┊感光度：ISO100』

捕捉林间光线使画面更具神圣感

当阳光穿透树林时，由于被树叶及树枝遮挡，因此会形成一束束透射林间的光线，这种光线被有的摄友称为"耶稣圣光"，能够为画面增加神圣感。

要拍摄这样的题材，最好选择早晨及近黄昏时分，此时太阳斜射向树林中，能够获得最好的画面效果。在实际拍摄时，可以迎向光线以逆光进行拍摄，也可与光线平行以侧光进行拍摄。在曝光方面，可以以林间光线的亮度为准拍摄出暗调照片，以衬托林间的光线；也可以在此基础上增加 1~2 挡曝光补偿，使画面多一些细节。

▶ 针对画面中透射下来的光线测光，画面明暗对比强烈，使放射状的光线成为画面中的亮点，整个森林更具神秘感『焦距：35mm┊光圈：F4┊快门速度：1/100s┊感光度：ISO100』

拍摄溪流与瀑布的技巧

用不同快门速度表现不同感觉的溪流与瀑布

要拍摄出如丝般质感的溪流与瀑布，拍摄时应使用较慢的快门速度。为了防止曝光过度，应使用较小的光圈来拍摄；如果还是曝光过度，应考虑在镜头前加装中灰滤镜，这样拍摄出来的瀑布是雪白的，就像丝绸一般。

由于使用的快门速度很慢，所以要使用三脚架。除了用慢速快门外，还可以用高速快门在画面中凝固瀑布水流跌落的美景，虽然谈不上有大珠小珠落玉盘之感，却也能很好地表现瀑布的势差与水流的奔腾之势。

▲ 利用广角镜头拍摄大场景的瀑布，高速快门将溅起的水花定格，画面看起来很有气势，也极具动感『焦距：28mm ┊ 光圈：F5.6 ┊ 快门速度：1/250s ┊ 感光度：ISO400』

通过对比突出瀑布的气势

在没有对比的情况下，很难通过画面直观判断一个事物的体量。因此，如果在拍摄瀑布时希望体现出瀑布宏大的气势，就应该通过在画面中加入容易判断大小体量的元素，从而通过大小对比来凸显瀑布的气势，最常用的元素就是瀑布周边的旅游者或小船。

▲ 利用画面中的游人来衬托瀑布的宏大气势『焦距：35mm ┊ 光圈：F8 ┊ 快门速度：1/800s ┊ 感光度：ISO400』

拍摄湖泊的技巧

利用倒影使湖泊更显静逸

　　蓝天、白云、山峦、树林等都会在湖面形成美丽的倒影，在拍摄湖泊时可以通过采用对称构图的方法，将水平线放在画面的中间位置，使画面的上半部分为天空，下半部分为倒影，从而使画面显得更加静逸。也可以按三分法构图原则，将水平线放在画面的上三分之一或下三分之一位置，使画面更富有变化。

▲ 平静的水面映衬出完美的倒影，将宁静的气氛表现得很充分『焦距：18mm ┊ 光圈：F10 ┊ 快门速度：1/25s ┊ 感光度：ISO200』

 高手点拨：要在画面中展现美妙的倒影，在拍摄时要注意以下几点。

　　1.波动的水面不会展现完美倒影，因此应选择风很小的时候进行拍摄，以保持湖面的平静。

　　2.水面的倒影能够体现多少，与拍摄的角度有关，拍摄角度越低，映入镜头的倒影就越多。

　　3.逆光与侧逆光是表现倒影的首选光线，应尽量避免使用顺光或顶光拍摄。

　　4.在倒影存在的情况下，应该适当增加曝光补偿，以使画面的曝光更准确。

▶ 采用三分法构图，将水平线安排在画面的上三分之一处，以更大的面积表现宽阔的湖面，纯净的天空与水面使整个画面显得安宁、自然 『焦距：35mm ┊ 光圈：F11 ┊ 快门速度：1/6s ┊ 感光度：ISO400』

选择合适的陪体使湖泊更有活力

在拍摄湖泊时，应适当选取岸边的景物作为衬托，如湖边的树木、花卉、岩石、山峰等，如果能够以飞鸟、游人、小船等对象作为陪体，就能够使平静的湖面充满生机与活力。

▲ 游玩的人们及忙碌的游船衬托着静逸的湖面，画面充满了生机与活力 『焦距：20mm ┆ 光圈：F6.3 ┆ 快门速度：1/125s ┆ 感光度：ISO200』

▶ 湖泊旁边的树木、山峰、栈桥及其倒影，使湖泊显得更加静逸，湖面上的水鸭为湖泊增添了活力与生机 『焦距：24mm ┆ 光圈：F10 ┆ 快门速度：1/320s ┆ 感光度：ISO200』

拍摄雾霭景象的技巧

雾气不仅增强了画面的透视感，还赋予了照片朦胧的气氛，使照片具有别样的诗情画意。一般来说，由于浓雾的能见度较差，透视性不好，不适宜拍摄，因此拍摄雾景时通常应选择薄雾。薄雾的湿度较低，能见度和光线的透视性都比浓雾好很多，薄雾环境中的近景可以相对清晰地呈现在画面中，而中景和远景要么被雾气所掩盖，要么就在雾气中若隐若现，有利于营造神秘的氛围。

调整曝光补偿使雾气更洁净

在拍摄雾景时，通常需要使用曝光补偿功能，因为雾是由许多细小水珠形成的，可以反射大量的光线，所以雾景的亮度较高，根据白加黑减的曝光补偿原则，通常应该增加 1/3 至 1 挡左右的曝光补偿。

调整曝光补偿时，要考虑所拍摄的场景中雾气的面积这个因素，面积越大意味着场景越亮，就越应该增加曝光补偿；若面积很小的话，可以考虑不增加曝光补偿。

还需要注意的是，如果对于曝光补偿的增加程度把握不好，那么建议还是以"宁可欠曝也不可过曝"的原则进行拍摄。因为所拍摄的照片如果是曝光不足，我们可以通过后期处理进行提亮（会产生一定的杂点）；但如果曝光过度的话，那么就很难再显示出其中的细节了。

▲ 在增加一挡曝光补偿之后，雾气更加洁净，整个画面显得十分飘逸　『焦距：24mm ┊ 光圈：F8 ┊ 快门速度：1/20s ┊ 感光度：ISO200』

合理利用光线表现雾气

在顺光或顶光下，雾会产生强烈的反射光，容易使整个画面显得苍白、色泽较差且没有质感。而采用逆光、侧逆光或前侧光拍摄，更有利于表现画面的透视感和层次感，利用光与影营造出一种更飘逸的意境。逆光或侧逆光还可以使画面远处的景物呈现剪影效果，使画面更有空间感。

▲ 采用逆光拍摄，浓浓的雾气被金色的光线笼罩，形成浅浅深深的剪影，使得近景、中景、远景十分分明，层次感特别突出 『焦距：50mm ┊光圈：F8 ┊快门速度：1/100s ┊感光度：ISO320』

善用景别使画面更有层次

由于雾气对光的强烈散射作用，使雾气中的景物具有明显的空气透视效果，因此越远处的景物看上去越模糊，如果在构图时充分考虑这一点，就能够使画面具有更明显的层次。

因为雾气属于亮度较高的景物，因此当画面中存在暗调景物并与雾气相互交融时，就能够使画面具有明显的层次和对比。

在选择光线时应首选逆光，在构图时要注意利用远景来衬托前景与中景，利用光线造成的前景、中景、远景间不同的色调对比来营造画面的层次感。

▲ 利用全景景别进行拍摄，画面中雾气缭绕，深浅不一的山峰使画面的层次显得很丰富 『焦距：24mm ┊光圈：F7.1 ┊快门速度：1/160s ┊感光度：ISO500』

拍摄日出、日落的技巧

日出、日落是许多摄影爱好者最喜爱的拍摄题材之一，在各类获奖的摄影作品中，常见到以此为拍摄主题的照片，但由于太阳是最亮的光源，无论是测光还是曝光都有一定难度，因此，如果不掌握一定的拍摄技巧，很难拍摄出漂亮的日出、日落照片。

选择正确的曝光参数是成功的开始

拍摄日出、日落时，较难掌握的是曝光控制，日出、日落时，天空和地面的亮度反差较大，如果对准太阳测光，太阳的层次和色彩会有较好的表现，但也会导致云彩、天空和地面景物曝光不足，呈现出一片漆黑的景象；而对准地面景物测光，会导致太阳和周围的天空曝光过度，从而失去色彩和层次。

正确的曝光方法是使用点测光模式，对准太阳附近的天空进行测光，这样不会导致太阳曝光过度，而天空中的云彩也有较好的表现。

最保险的做法是在标准曝光量的基础上，增加或减少一挡或半挡曝光补偿，再拍摄几张照片，以增加挑选的余地。如果没有把握，不妨使用包围曝光法，以避免错过最佳拍摄时机。

一旦太阳开始下落，其亮度将明显下降，很快就需要使用慢速快门进行拍摄，这时若用手托举着长焦镜头会很不稳定，因此拍摄时一定要使用三脚架。

拍摄日出时，随着时间的推移，所需要的曝光量会越来越小；而拍摄日落则恰恰相反，所需要的曝光量会越来越大，因此，在拍摄时应该注意随时调整曝光量。

▲ 黄昏时分，太阳还没有落山，此时的光线色温较低，具有较强的暖调效果，配合阴影白平衡的设定，可以得到非常强烈的金色夕阳效果 『焦距：135mm ┊ 光圈：F16 ┊ 快门速度：1/20s ┊ 感光度：ISO100』

用长焦镜头拍摄出大太阳

如果希望在照片中呈现出面积较大的太阳，要尽可能使用长焦距拍摄。通常在标准的35mm幅面的画面上，太阳的直径只是焦距的1/100。因此，如果用50mm标准镜头拍摄，太阳的直径为0.5mm；如果使用长焦镜头的200mm焦距拍摄，则太阳的直径为2mm；如果使用长焦镜头的400mm焦距拍摄，太阳的直径就能够达到4mm。

用合适的陪体为照片添姿增色

从画面构成来讲，拍摄日出、日落时，不要直接将镜头对着天空，这样拍摄出的照片会显得单调。可选择树木、山峰、草原、大海、河流等景物作为前景，以衬托日出、日落时特殊的氛围，尤其是以树木等景物作为前景时，树木将呈现出漂亮的剪影效果。阴暗的前景能和较亮的天空形成鲜明的对比，从而增强画面的形式美感。

如果要拍摄的日出或日落场景中有水面，可以在构图时选择天空、水面各占一半的构图形式，或者在画面中加大波光粼粼水面的区域，此时如果依据水面进行曝光，可以适当提高一挡或半挡曝光量，以抵消光经过水面折射而产生的损失。

▲ 使用长焦镜头的400mm焦距拍摄后，在后期处理时通过裁剪进一步加大了太阳在画面中所占的比例，最终使画面中的太阳既大又亮『焦距：400mm ┊光圈：F4 ┊快门速度：1/640s ┊感光度：ISO200』

▲ 前景中荡秋千的女孩，让画面显得鲜活了起来，背景是海上日落，与剪影状的人物形成了色彩对比，画面简洁却不单调『焦距：70mm ┊光圈：F10 ┊快门速度：1/1600s ┊感光度：ISO200』

善用 RAW 格式为后期处理留有余地

大多数初学者在拍摄日出、日落场景时，得到的照片要么是一片漆黑，要么是一片亮白，高光部分完全没有细节。因此，对于摄影爱好者而言，除了在测光与拍摄技巧方面要加强练习外，还可以在拍摄时为后期处理留有余地，以挽回这种可能"报废"的片子，即将照片的保存格式设置为 RAW 格式，或者 RAW+JPEG 格式，这样拍摄后就可以对照片进行更多的后期处理，以便得到最漂亮的照片。

在后期处理时，可以通过调整照片的曝光量、白平衡得到效果不同的日出、日落照片。

用云彩衬托太阳使画面更辉煌

拍摄日出、日落时，云彩有时是最主要的表现对象，无论是日在云中还是云在日旁，在太阳的照射下，云彩都会表现出异乎寻常的美丽，从云彩中间或旁边透射出的光线更应该是重点表现的对象。因此，拍摄日出、日落的最佳季节是春、秋两季，此时云彩较多，可增加作品的艺术感染力。

▲ 拍摄日落时不妨用美丽的云彩作为表现对象，具有放射状的云彩不仅渲染了太阳的辉煌，更为画面增加了美感『焦距：24mm ┊光圈：F6.3 ┊快门速度：1/2s ┊感光度：ISO200』

拍摄冰雪的技巧

运用曝光补偿准确还原白雪

由于雪的亮度很高，如果按照相机给出的测光值曝光，会造成曝光不足，使拍摄出的雪呈灰色，所以拍摄雪景时一般都要使用曝光补偿功能对曝光进行修正，通常需增加1~2挡曝光补偿。也并不是所有的雪景都需要进行曝光补偿，如果所拍摄的场景中白雪的面积较小，则无须进行曝光补偿。

▲ 增加曝光补偿后白雪更加洁白『焦距：18mm ┊ 光圈：F13 ┊ 快门速度：1/1000s ┊ 感光度：ISO100』

用白平衡塑造雪景的个性色调

拍摄雪景时，摄影师可以结合实际环境的光源色温进行拍摄，以得到洁净的纯白影调、清冷的蓝色影调或铺上金黄的冷暖对比影调，也可以结合相机的白平衡设置来获得独具创意的画面影调效果，以服务于画面的主题。

 高手点拨：如果使用预设白平衡无法得到令人满意的画面色调，可以尝试通过手调色温来调整画面的色调，所设置的色温值越小，则拍摄出来的画面冷调越明显。

▲ 使用白色荧光灯白平衡拍摄的雪景，整个画面呈现出强烈的冷调效果，突出了冬季的寒冷这个主题『焦距：20mm ┊ 光圈：F16 ┊ 快门速度：1/40s ┊ 感光度：ISO100』

雪地、雪山、树挂都是极佳的拍摄对象

雪地、雪山、树挂都是雪后极佳的拍摄对象。拍摄开阔、空旷的雪地时，为了让画面更具有层次和质感，可以采用低角度逆光拍摄，远处低斜的太阳不仅为开阔的雪地铺上浓郁的色彩，同时还能将其细腻的质感也凸显出来。

雪与雾一样，如果没有对比、衬托，表现效果则不会太理想，因此在拍摄雪山、树挂等景物时，可以通过构图使山体上裸露出来的暗调山岩、树枝与白雪形成强烈的对比。

如果没有合适的拍摄条件，可以将注意力放在类似花草这样随处可见的微小景观上，拍摄冰雪中绽放的美丽。

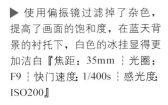

▲ 雪后天晴的时候最适合拍摄雪景，在拍摄时，注意在画面中纳入与白色对比的色彩，使画面不显得单一『焦距：48mm ┆ 光圈：F9 ┆ 快门速度：1/320s ┆ 感光度：ISO200』

▶ 使用偏振镜过滤掉了杂色，提高了画面的饱和度，在蓝天背景的衬托下，白色的冰挂显得更加洁白『焦距：35mm ┆ 光圈：F9 ┆ 快门速度：1/400s ┆ 感光度：ISO200』

第12章
尼康 Z6/Z7 动物摄影技巧

选择合适的角度和方向拍摄昆虫

拍摄昆虫时应注意拍摄高度，在多数情况下，以平视角度拍摄能取得更好的效果，因为这样拍摄到的画面看起来十分亲切。

拍摄昆虫时还应注意拍摄的方向。根据昆虫身体结构的特点，大多数情况下会选择侧面进行拍摄，这样能在画面中看到更多的昆虫形体结构和色彩等特征。

不过也可以打破传统，以正面的角度进行拍摄。这样拍摄到的昆虫往往看起来非常可爱，很容易令人产生联想，使画面充满一种幽默的意境。

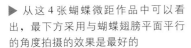 ▶ 从这 4 张蝴蝶微距作品中可以看出，最下方采用与蝴蝶翅膀平面平行的角度拍摄的效果是最好的

『焦距：105mm 光圈：F3.5 快门速度：1/125s 感光度：ISO400』

『焦距：105mm 光圈：F11 快门速度：1/2s 感光度：ISO100』

将拍摄重点放在昆虫的眼睛上

昆虫的眼睛有两种，一种是复眼，每只复眼几乎都是由成千上万只六边形的小眼紧密排列组合而成的；另一种是单眼，单眼结构极其简单，只不过是一个突出的水晶体。从摄影的角度来看，在拍摄昆虫时无论是具有复眼的蚂蚁、蜻蜓、蜜蜂，还是具有单眼结构的蜘蛛，都应该将表现的重点放在眼睛上。这样不但能够使画面中的昆虫更生动，而且还能够让人领略到微距世界中昆虫眼睛的结构之美。

▲ 这张照片拍摄的是具有复眼结构的螳螂，密如蜂巢的眼睛让人不由感叹大自然造物的神奇『焦距：105mm ┊ 光圈：F4 ┊ 快门速度：1/250s ┊ 感光度：ISO100』

选择合适的光线拍摄昆虫

拍摄昆虫时光线的选择很重要，通常以顺光和侧光为佳。顺光拍摄能较好地表现昆虫的色泽，使照片看起来十分鲜艳动人；而侧光拍摄的昆虫富有明暗层次，有着非常不错的视觉效果；逆光或侧逆光在昆虫摄影中的使用也较为频繁，如果运用得好，也可以拍摄出非常精彩的照片，尤其是在拍摄半透明体的昆虫如蝴蝶、蜻蜓、螳螂等时，逆光拍摄的效果显得非常精致。

▲ 逆光将蝴蝶的翅膀衬托得非常透亮，纹理也十分清晰『焦距：200mm ┊ 光圈：F4 ┊ 快门速度：1/800s ┊ 感光度：ISO200』

使用长焦镜头"打鸟"

因为鸟类易受人的惊扰，所以通常要使用 200mm 以上焦距的镜头才能使被摄的鸟儿在画面中占有较大的面积。使用长焦镜头拍摄的另一个好处是，在一些不易靠近的地方也可以轻松拍摄到鸟儿，如在大海或湖泊上。

▲ 使用长焦镜头拍摄正在栖息的鸟儿，画面简洁，主体突出『焦距：400mm ┊ 光圈：F8 ┊ 快门速度：1/1000s ┊ 感光度：ISO500』

捕捉鸟儿最动人的瞬间

一个漂亮的画面，只能够令人赞叹，而一个有意义、有情感的画面则令人难忘，这正是摄影的力量。与人类一样，鸟类同样拥有丰富的情感世界，也有喜悦哀愁，情感不同会表现出不同的动作。以艺术写意的手法来表现鸟类在自然生态环境中感人至深的情感，就能够为照片带来感情色彩，从而打动观众。

因此，在拍摄鸟类时，应注意捕捉鸟儿之间喂哺、争吵、呵护的情景，这样的画面就具有了超越同类作品的内涵，让人感觉到画面中的鸟儿是鲜活的，与人类一样有情、有爱、有生、有死，从而引起观众的情感共鸣。

▲ 两只鹅正在抵颈相交，画面温馨且动人，由于运动幅度不大，使用 AF-S 单次伺服自动对焦模式就可以获得较好的画面效果『焦距：200mm ┊ 光圈：F5.6 ┊ 快门速度：1/1250s ┊ 感光度：ISO250』

选择合适的背景拍摄鸟儿和游禽

对于拍摄鸟儿和游禽来说，最合适的背景莫过于天空和水面。一方面可以获得比较干净的背景，突出被摄体的主体地位；另一方面，天空和水面在表达鸟儿生存环境方面比较有代表性，例如，在拍摄鹳、野鸭等水禽时，以水面为背景可以很好地交代其生存的环境。

▶ 以纯洁的蓝天为背景，将鸟儿的黑白色羽毛凸显出来，画面给人一种纯净感『焦距：300mm ┆光圈：F10 ┆快门速度：1/400s ┆感光度：ISO100』

选择最合适的光线拍摄鸟儿和游禽

拍摄鸟儿和游禽时，如果其身体上的羽毛较多且均匀，颜色也很丰富，不妨采用顺光进行拍摄，以充分表现其华美的羽翼。如果光线不够充分，不妨采用逆光进行拍摄，以将其半透明的羽毛拍成环绕身体的明亮的外轮廓线。如果逆光较强，可以针对天空较明亮处测光，并在拍摄时做负向曝光补偿，将鸟儿表现为深黑的剪影效果。

▶ 顺光下，可以很好地表现出鸟儿橙色的羽毛，摄影师以绿色为背景衬托出鸟儿，画面整体的色彩明朗而艳丽『焦距：300mm ┆光圈：F5.6 ┆快门速度：1/500s ┆感光度：ISO400』

选择合适的景别拍摄鸟儿

要以写实的手法表现鸟儿，既可以采取拍摄整体的手法，也可以拍摄鸟儿的局部特写。表现整体的优点是能够使照片更具故事性，纪实、叙事的意味很浓，能够让观众欣赏到完整、优美的鸟儿形体。

如果要采取局部特写的表现手法，可以将着眼点放在如天鹅的曲颈、孔雀的尾翼、飞鹰的硬喙、猫头鹰的眼睛等极具特征的局部上，以这样景别拍摄的照片能给人留下深刻的印象，如果特写表现的是鸟儿的头部，拍摄时应对焦在鸟儿的眼睛上。

▲ 拍摄鸟儿的整体，突出其飞翔时的动势 『焦距：200mm ┊ 光圈：F7.1 ┊ 快门速度：1/1600s ┊ 感光度：ISO200』

▲ 对火烈鸟修长的脖子以特写的景别拍摄，火红色的脖子与暗绿色的水面形成了色彩对比，使主体在画面中得到了凸显 『焦距：400mm ┊ 光圈：F5 ┊ 快门速度：1/500s ┊ 感光度：ISO320』

在弱光下拍摄要提高感光度

无论是室内还是室外，如果拍摄环境的光线较暗，就必须提高感光度数值，以避免快门速度低于安全快门。使用 Nikon Z7 相机在高感光度下拍摄时，抑制噪点的性能还算优秀，而且绝大多数摄影师拍摄的宠物类照片属于娱乐性质，而非正式的商业性照片，因此对照片画质的要求并不非常高，在这样的前提下，拍摄时是可以较为大胆地使用 ISO1600 左右的高感光度进行拍摄的。

▲ 室内的光线较弱，拍摄玩耍中的小狗时为了获得安全快门，适当提高了 ISO 感光度，以使小狗清晰地呈现出来『焦距：50mm ┊ 光圈：F2.8 ┊ 快门速度：1/640s ┊ 感光度：ISO500』

散射光表现宠物的皮毛细节

在拍摄宠物时，如果想要表现宠物的皮毛细节或者质感，建议使用散射光。

在散射光条件下拍摄时，画面没有明显的阴影，过渡也更加自然，所以更加适合表现宠物的皮毛细节。

▲ 利用散射光对狗狗进行拍摄，狗狗的毛发细节表现得十分清楚『焦距：50mm ┊ 光圈：F2.8 ┊ 快门速度：1/500s ┊ 感光度：ISO125』

逆光表现漂亮的轮廓光

轮廓光又称为"隔离光""勾边光"，当光线来自被拍摄对象的后方或侧后方时，通常会在其周围出现。

如果在早晨或黄昏日落前拍摄宠物，可以运用这种方法为画面增加艺术气息。

拍摄时，要将宠物安排在深暗的背景前面，使明亮的边缘轮廓与背景形成明暗反差。以点测光模式对准宠物的轮廓光边缘进行测光，以确保这一部分曝光准确，测光后重新构图，并完成拍摄。

▲ 傍晚的逆光勾勒出了狗的身形，并形成了将狗狗的毛发边缘表现得非常漂亮的轮廓光『焦距：70mm ┊ 光圈：F5 ┊ 快门速度：1/400s ┊ 感光度：ISO125』

利用道具吸引小动物的注意

拍摄警惕心较高的宠物时，主人在一旁利用道具去吸引宠物们的注意力，待它们专注于道具的吸引或是很放松的时候，就可以在一旁放心地进行拍摄了，而且这时比较容易拍到精彩的画面。

为防止宠物一跃而起或是各种状况的发生，应提高快门速度，以免错过精彩瞬间。

▲ 努力和玩具小狗交流，却得不到回应，猫咪这样可爱的行为让人忍俊不禁『焦距：50mm ┊ 光圈：F5 ┊ 快门速度：1/400s ┊ 感光度：ISO400』

第13章
尼康 Z6/Z7 花卉摄影技巧

用水滴衬托花朵的娇艳

　　在早晨的花园、森林中能够发现无数出现在花瓣、叶尖、叶面、枝条上的露珠，在阳光下显得晶莹闪烁、玲珑可爱。拍摄带有露珠的花朵，能够表现出花朵的娇艳与清新的自然感。

　　要拍摄有露珠的花朵，最好用微距镜头以特写的景别进行拍摄，使分布在叶面、叶尖、花瓣上的露珠不但给人一种雨露滋润的感觉，还能够在画面中形成奇妙的光影效果。景深范围内的露珠清晰明亮、晶莹剔透；而景深外的露珠却形成一些圆形或六角形的光斑，装饰美化着背景，给画面平添了几分情趣。

　　如果没有拍摄露珠的条件，也可以用小喷壶对着花朵喷几下，从而使花朵上沾满水珠。

▶ 利用剔透的水滴，将待放的花朵衬托得娇艳、精致『焦距：105mm ┊光圈：F2.8 ┊快门速度：1/100s ┊感光度：ISO100』

拍出有意境和神韵的花卉

　　意境是中国古典美学中一个特有的范畴，反映在花卉摄影中，指拍摄者观赏花卉时的思想情感与客观景象交融而产生的一种境界。其形成与拍摄者的主观意识、文化修养及情感境遇密切相关，花卉的外形、质感乃至影调、色彩等视觉因素都可能触发拍摄者的联想，因而意境的流露常常伴随着拍摄者丰富的情感，在表达上多采用移情于物或借物抒情的手法。

　　我国古典诗词中有很多脍炙人口的咏花诗句，如"墙角数枝梅，凌寒独自开""短短桃花临水岸，轻轻柳絮点人衣""冲天香阵透长安，满城尽带黄金甲"将类似的诗名熟记于心，从而在看到相应的场景时便会引发联想，以物抒情，使作品具有诗境。

▶ 使用大光圈拍摄荷叶后的荷花，画面给人一种"犹抱琵琶半遮面"的感觉『焦距：200mm ┊光圈：F2.8 ┊快门速度：1/400s ┊感光度：ISO100』

仰拍获得高大形象的花卉

如果要拍摄的花朵周围环境比较杂乱，采用平视或俯视的角度很难拍摄出漂亮的画面，则可以考虑采用仰视的角度进行拍摄，此时由于画面的背景为天空，因此很容易获得背景纯净、主体突出的画面。

如果花朵生长的位置较高，比如生长在高高树枝上的梅花、桃花，那么拍摄起来就比较容易。

如果花朵生长在田原、丛林之中，如野菊花、郁金香等，则要有弄脏衣服和手的心理准备，为了获得最佳拍摄角度，可能要趴在地上将相机放得很低。

而如果花朵生长在池塘、湖面之上，如荷花、莲花，则可能无法按这样的方法拍摄，需要另觅他途。

低角度仰拍花卉，使得花卉显得很高大，区别于平常所见，画面具有很强的视觉冲击力『焦距：18mm ┆光圈：F5 ┆快门速度：1/160s ┆感光度：ISO100』

俯拍展现星罗棋布的花卉

采用这种角度拍摄时，最好用散点构图形式，散点式构图主要特点是"形散而神不散"，因此，采用这种构图手法拍摄时，要注意花丛的面积不要太大，分布在花丛中的花朵在颜色、明暗等方面与环境形成鲜明对比，否则没有星罗棋布的感觉，要突出的花朵也无法在花丛中凸显出来。

▶ 以俯视的角度拍摄草地上星罗棋布的花朵，让人产生鲜花遍野的想象『焦距：70mm ┆光圈：F5.6 ┆快门速度：1/125s ┆感光度：ISO200』

逆光拍出有透明感的花瓣

　　运用逆光拍摄花卉时，可以清晰地勾勒出花朵的轮廓线。如果所拍摄花的花瓣较薄，则光线能够透过花瓣，使其呈现出透明或半透明效果，从而更细腻地表现出花的质感、层次和花瓣的纹理。拍摄时要用闪光灯、反光板进行适当的补光处理，并应对透明的花瓣以点测光模式测光，以花的亮度为依据进行曝光。

▶ 采用逆光拍摄，配合大光圈的使用，得到了被虚化并带光斑的背景，粉色透明的花卉给人很精致的感觉『焦距：70mm ┆ 光圈：F2.8 ┆ 快门速度：1/640s ┆ 感光度：ISO320』

选择最能够衬托花卉的背景颜色

　　在花卉摄影中，背景色作为画面的重要组成部分，起着烘托、映衬主体，丰富作品内涵的积极作用。不同的颜色给人的感觉不同，对比强烈的色彩会使主体与背景更加突出，而和谐的色彩搭配则让人有惬意祥和之感。

　　通常可以选择深色、浅色、蓝天色三种颜色的背景。使用深色或浅色背景拍摄花卉的视觉效果极佳，画面中蕴涵着一种特殊的氛围。其中又以最深的黑色与最浅的白色背景最为常见，黑色背景的花卉照片显得神秘，主体非常突出；白色背景的画面显得简洁，给人一种很纯洁的视觉感受。

　　拍摄背景全黑花卉照片的方法有两种：一是在花朵后面安排一块黑色的背景布；二是如果被摄花朵正好处于受光较好的状态，而背景处在阴影中，此时使用点测光对花朵亮部进行测光，也能拍出背景几乎全黑的照片。

　　如果背景过于杂乱，或者要拍摄的花卉面积较大，无法通过放置深色或浅色布或板子的方法进行拍摄，则可以考虑采用仰视角度以蓝天为背景进行拍摄，从而获得干净、清新的画面效果。

▲ 以干净的蓝色天空作为背景，突出了郁金香的火红颜色，画面给人以热情的感觉『焦距：18mm ┆ 光圈：F8 ┆ 快门速度：1/400s ┆ 感光度：ISO100』

加入昆虫让花朵更富有生机

拍摄昆虫出镜照片时一定要清楚主体是花朵，最好不要使昆虫在画面中占据太显眼的位置，昆虫的色彩也不能过于艳丽，否则会造成喧宾夺主、干扰主体的后果。

在拍摄时，由于昆虫经常不停地飞动或爬行，想要获得合适的拍摄角度和位置，就需要摄影师耐心等候。

 高手点拨： 如果使用了三脚架与微距镜头，在拍摄时可以尝试使用陷阱对焦的手法拍摄，预先将焦点锁定在花朵的花蕊部分，待昆虫进入合适的拍摄位置后，使用快门线或遥控器进行拍摄，以获得构图完美、清晰细腻的画面。

▲ 拍摄花朵时，将旁边正飞来的蜜蜂纳入画面，让画面更有生机感『焦距：105mm ┆光圈：F4.5 ┆快门速度：1/400s ┆感光度：ISO200』

▼ 这幅作品是摄影师利用长焦镜头抓拍到的，黄色的花朵与绿色的昆虫形成了鲜明的对比，花朵看起来更加鲜亮『焦距：200mm ┆光圈：F5.6 ┆快门速度：1/125s ┆感光度：ISO100』

第14章

尼康 Z6/Z7 建筑摄影技巧

合理安排线条使画面具有强烈的透视感

拍摄建筑题材的作品时，如果要保证画面有真实的透视效果与较大的纵深空间，可以根据需要寻找合适的拍摄角度和位置，并充分利用透视规律。

在建筑物中选取平行的轮廓线条，如桥索、扶手、路基，使其在远方交汇于一点，从而营造出强烈的透视感，这样的拍摄手法在拍摄隧道、长廊、桥梁、道路等题材时最为常用。

如果所拍摄的建筑物体量不够宏伟、纵深不够大，可以利用广角镜头夸张强调建筑物线条的变化，或在构图时选取排列整齐、变化均匀的对象，如一排窗户、一列廊柱、一排地面的瓷砖等。

▶ 使用竖画幅构图，借助对比强烈的光影与广角镜头造成的明暗透视效果来增强画面的空间感。前景中安排了身穿黑色服装的人物，由于面积较小又处于画面右下角的阴影处，不但不会影响走廊主体的表现，还为画面增添了神秘的气氛与联想的空间『焦距：30mm ┊光圈：F10 ┊快门速度：1/250s ┊感光度：ISO800』

用侧光增强建筑的立体感

利用侧光拍摄建筑时，由于光线的原因，画面中会产生阴影或投影，呈现出比较明显的明暗对比，有利于体现建筑的立体感与空间感。在这种光线的照射下，建筑外立面的屋脊、挑檐、外飘窗、阳台均能够形成强烈的明暗对比，因此能够很好地突出建筑的立体感。要注意的是，此时最好以斜向45度的方向进行拍摄，从正面或背面拍摄时，由于只能够展示一个面，因此不会获得理想的立体效果。

▶ 在黄昏时分拍摄古老的欧式建筑，斜侧光线使建筑浮凸的构件自身形成连续的明暗变化，加之建筑自身近大远小的透视效果，使画面表现出很强的立体感『焦距：35mm ┊光圈：F7.1 ┊快门速度：1/180s ┊感光度：ISO200』

逆光拍摄勾勒建筑优美的轮廓

逆光对于表现轮廓分明、结构有形式美感的建筑非常有效，如果要拍摄的建筑环境比较杂乱且无法避让，摄影师就可以将拍摄的时间安排在傍晚，利用天空的余光将建筑拍成剪影。此时，太阳即将落下，夜幕将至华灯初上，拍摄出来的剪影建筑画面中不仅有大片的深色调，还有星星点点的色彩与灯光，使画面明暗平衡、虚实相衬，而且略带神秘感，能够引发观众的联想。

在具体拍摄时，只需要针对天空的亮处进行测光，建筑物就会由于曝光不足而呈现为黑色的剪影效果，如果按此方法得到的是半剪影效果，可以通过降低曝光补偿使暗处更暗，从而使建筑物的轮廓外形更明显。

◀ 夕阳西下，以美丽的天空为背景，采用逆光拍摄，使被拍摄的建筑呈现为美妙的剪影效果『焦距：35mm︙光圈：F9︙快门速度：1/250s︙感光度：ISO100』

用高 ISO 拍摄建筑精致的内景

在拍摄建筑时，除了拍摄宏大的整体造型及外部细节之外，也可以进入建筑物内部拍摄内景，如歌剧院、寺庙、教堂等建筑物内部都有许多值得拍摄的细节。由于室内的光线较暗，在拍摄时应注意快门速度的选择，如果快门速度低于安全快门时，应适当开大几挡光圈。由于 Nikon Z7 的高感光度性能比较优秀，因此最简单有效的方法是使用 ISO 2000 甚至 ISO3200 这样的高感光度进行拍摄，从而以较小的光圈、相对较高的快门速度表现建筑内部的细节。

▲ 拍摄的大型建筑内景，由于光线较暗，可以使用高 ISO 感光度，以防止光线太暗而导致画面不够清晰『焦距：17mm ┆ 光圈：F5.6 ┆ 快门速度：1/100s ┆ 感光度：ISO1000』

通过对比突出建筑的体量感

在没有对比的情况下，很难通过画面直观判断出这个建筑的体量。因此，如果在拍摄建筑时希望体现出建筑宏大的气势，就应该通过在画面中加入容易判断大小体量的元素，从而通过大小对比来表现建筑的气势，最常见的元素就是建筑周边的行人或者大家比较熟知的其他小型建筑。总而言之，就是用大家知道的景物来对比判断建筑物的体量。

▶ 采用平视角度拍摄建筑及游客，通过大小对比使观者能够直观地感受到建筑的体量『焦距：18mm ┆ 光圈：F5 ┆ 快门速度：1/80s ┆ 感光度：ISO100』

拍摄蓝调天空夜景

　　要表现城市夜景，当天空完全黑下来才去拍摄，并不一定是个好选择，虽然那时城市里的灯光更加璀璨。实际上，当太阳刚刚落山，夜幕正在降临，路灯也刚开始点亮时，是拍摄夜景的最佳时机。此时天空具有更丰富的色彩，通常是蓝紫色，而且在这段时间拍摄夜景，天空的余光能勾勒出天际边被摄体的轮廓。

　　如果希望拍摄出深蓝色调的夜空，应该选择一个雨过天晴的夜晚，由于大气中的粉尘与灰尘等物质经过雨水的附带而降落到地面，使得天空的能见度提高而变为纯净的深蓝色。此时，带上拍摄装备去拍摄天完全黑透之前的夜景，很容易得到十分理想的画面效果，画面将呈现出醉人的蓝色调，让人感觉仿佛走进了童话故事里的世界。

▲ 选择合适的拍摄时机，使夜景画面天空呈现为蓝色，与城市灯光形成了对比『焦距：18mm ┊ 光圈：F14 ┊ 快门速度：15s ┊ 感光度：ISO100』

利用水面拍出极具对称感的夜景建筑

　　在上海隔着黄浦江能够拍摄到漂亮的外滩夜景，而在香港则可以在香江对面拍摄到点缀着璀璨灯火的维多利亚港，实际上类似这样临水而建的城市在国内还有不少，在拍摄这样的城市时，利用水面拍出极具对称效果的夜景建筑是一个不错的选择。夜幕下城市建筑群的璀璨灯光，会在水面折射出五颜六色的、长长的倒影，不禁让人感叹城市的繁华、时尚。

　　要拍出这样的效果，需要选择一个没有风的天气，否则在水面被风吹皱的情况下，倒影的效果不会太理想。

　　此外，要把握曝光时间，其长短对于最终的结果影响很大。如果曝光时间较短，水面的倒影中能够依稀看到水流痕迹；而较长的曝光时间能够将水面拍成如镜面一般平整。

◀ 夜色下，城市建筑与湖面的倒影形成了完美的对称构图，给人以梦幻、璀璨的感觉『焦距：16mm ┊ 光圈：F10 ┊ 快门速度：20s ┊ 感光度：ISO100』

长时间曝光拍摄城市动感车流

使用慢速快门拍摄车流经过留下的长长的光轨，是绝大多数摄影爱好者喜爱的城市夜景题材。但要拍出漂亮的车灯轨迹，对拍摄技术有较高的要求。

很多摄友拍摄城市夜晚车灯轨迹时常犯的错误是选择在天色全黑时拍摄，实际上应该选择天色未完全黑时进行拍摄，这时的天空有宝石蓝般的色彩，此时拍出照片中的天空才会漂亮。

如果要让照片中的车灯轨迹呈迷人的 S 形线条，拍摄地点的选择很重要，应该寻找能够看到弯道的地点进行拍摄，如果在过街天桥上拍摄，那么出现在画面中的灯轨线条必然是有汇聚效果的直线条，而不是 S 形线条。

拍摄车灯轨迹一般选择快门优先模式，并根据需要将快门速度设置为 30s 以内的数值（如果要使用超出 30s 的快门速度进行拍摄，则需要使用 B 门）。在不会过曝的前提下，曝光时间的长短与最终画面中车灯轨迹的长度成正比。

使用这一拍摄技巧，还可以拍摄城市中其他有灯光装饰的对象，如摩天轮、音乐喷泉等，使运动中的对象在画面中形成光轨。

▲ 摄影师选择了有弯道的路面进行拍摄，车流灯形成了动感的 S 形『焦距：35mm ┆ 光圈：F16 ┆ 快门速度：12s ┆ 感光度：ISO200』

拍摄城市夜晚燃放的焰火

　　许多城市在重大节日都会燃放烟花，有些城市甚至经常进行焰火表演，例如香港就经常在维多利亚港燃放烟花，在弱光环境下拍摄短暂绽放的漂亮烟花，对摄影爱好者而言不能不说是一个比较大的挑战。

▲ 运用慢速快门把夜空中焰火绽放的瞬间记录了下来『焦距：30mm ┊ 光圈：F6.3 ┊ 快门速度：6s ┊ 感光度：ISO200』

　　漂亮的烟花各有精彩之处，但拍摄技术却大同小异，具体来说有三点，即对焦技术、曝光技术、构图技术。

　　如果在烟花升起后才开始对焦拍摄，待对焦成功后烟花也差不多都谢幕了，因此，如果所拍摄烟花的升起位置差不多的话，应该先以一次礼花作为对焦的依据，拍摄成功后，切换至手动对焦模式，从而保证后面每次拍摄都是正确对焦的。如果条件允许的话，也可以对周围被灯光点亮的建筑进行对焦，然后使用手动对焦模式拍摄烟花。

　　在曝光技术方面要把握两点：一是曝光时间，二是光圈大小。烟花从升空到燃放结束，大概只有 5~6 秒的时间，而最美的阶段则是前面的 2~3 秒，因此，

如果只拍摄一朵烟花，可以将快门速度设定在这个范围内。如果距离烟花较远，为了确保画面的景深，应将光圈设置为 F5.6~F10 之间。如果拍摄的是持续燃放的烟花，应适当缩小光圈，以免画面曝光过度。拍摄时所用光圈的数值，要在遵循上述原则的基础上，根据拍摄环境的光线情况反复尝试，切不可照搬硬套。

　　构图时可将地面有灯光的景物、人群也纳入画面中，以美化画面或增加画面气氛。因此，要使用广角镜头进行拍摄，以将烟花和周围景物纳入画面。

如果想得到蒙太奇的效果，让多个焰火叠加在一张照片上，应该使用 B 门曝光模式。拍摄时按下快门后，用不反光的黑卡纸遮住镜头，每当烟花升起，就移开黑卡纸让相机曝光 2~3 秒，多次之后关闭快门可以得到多重烟花同时绽放的照片。需要注意的是，总曝光时间要计算好，不能超出合适曝光所需的时间。

▲ 第一次拍摄

▲ 第二次拍摄

▼ 使用 B 门并结合黑卡拍摄，等待焰火升起时拿开黑卡进行曝光，反复几次后，就可以获得很多焰火在天空中"盛开"的画面。值得注意的是，随着曝光时间的延长，画面会随之变亮，因此要注意控制曝光时间，以免灯光处过曝

第三次拍摄

拍摄美丽的银河

银河是天文爱好者们喜欢的摄影主题，在高原、高山、草原等空气通透的户外旅行时，可以很容易地拍摄到漂亮的银河。

在北半球拍摄银河的最好季节就是6~8月份，在拍银河之前，可以使用手机应用程序Starwalk或Photopills来计算银河何时出现、何时隐退、何时拍起来最美，还可以用这些程序检查月相，确保天空不会暗淡无光。一般情况下，新月前后是拍摄银河的最佳时机。

拍摄银河时，银河和星星会同时跟随地球自转运动，所以，最佳曝光时间需控制在30~60秒，如果曝光时间过长，星星会变成小星轨，银河也就虚了。由于拍摄银河不能像拍星轨一样可以使用B门累计曝光量，因此，只能通过提高ISO和调大光圈值来保证曝光。

拍摄银河有一个标准的、广泛使用的曝光组合，即快门速度30s、光圈F2.8、ISO3200，原因就在于此曝光组合能够让最多的光线进入。因此，为了保证画面的最佳质量，高感光度较好的全画幅相机及拥有大光圈的广角镜头是最佳选择。同时，坚固的三脚架及快门线也是必需品。

夜晚的天空光线很暗，因此，需要拧动对焦环至无限远对焦位置以确保画面的锐度。为了避免周围的光对画面的影响，在拍摄时可以装上遮光罩遮盖取景器。

▼ 在空气通透的高山雪原很容易拍摄到漂亮的银河画面，拍摄时，选择了雪山作为前景，以增加银河画面的层次，使画面不显单调『焦距：100mm ┊ 光圈：F2.8 ┊ 快门速度：30s ┊ 感光度：ISO2500』

星轨的拍摄技巧

拍摄前需注意"天时"与"地利"

星轨是一个比较有技术难度的拍摄题材，总体来说，要拍摄出漂亮的星轨要有"天时"与"地利"。

"天时"是指时间与气象条件，拍摄的时间最好在夜晚，此时明月高挂，星光璀璨，适宜拍摄出漂亮的星轨，天空中应该没有云层，以避免星星被遮盖住。

"地利"是指合适的拍摄地点，由于城市中的光线较强，空气中的颗粒较多，因此，对拍摄星轨有较大的影响。所以，要拍出漂亮的星轨，最好选择郊外或乡村。构图时要注意利用地面的山、树、湖面、帐篷、人物、云海等对象，丰富画面内容，因此，选择拍摄地点时要注意。

同时要注意，如果在画面中纳入了比星星还要亮的对象，如月亮、地面的灯光等，长时间曝光之后，容易使这一部分严重曝光过度，影响画面整体的艺术效果，所以，要注意回避此类对象。

设置 B 门长时间曝光

拍摄时要用B门，以自由地控制曝光时间，使用带有B门快门释放锁的快门线可以让拍摄变得更加轻松。如果对焦困难，应该用手动对焦的方式。

必须指出的是，如果曝光时间较长，照片中肯定会出现大量噪点，虽然在后期处理时可以利用软件对噪点进行消除，但最终得到的照片画质仍然不可能令人满意。因此，目前较流行的是采取短时间曝光连续拍摄，然后在后期进行合成的方法。

选择不同的拍摄方向

在拍摄星轨时，选择不同的拍摄方向会得到不同的画面效果。如果是将镜头中心对准北极星长时间曝光，拍出的星轨会成为同心圆，在这个方向上曝光1小时，画面上的星轨弧度为15度，如果曝光2小时，画面上的星轨弧度为30度。而朝东或朝西拍摄，则会拍出斜线或倾斜圆弧状的星轨画面。

选择适合的镜头

"工欲善其事，必先利其器"，在拍摄星轨时，器材的选择也很重要，质量可靠的三脚架自不必说，镜头的选择也是重中之重，应该以广角镜头和标准镜头为佳，通常选择35~50mm焦距的镜头。如果焦距太短，虽然能够拍摄更大的场景，但星轨在画面中会比较细；如果焦距过长，视野又会显得过窄，不利于表现星轨。

▶ 通过较长时间的曝光，星星的运动轨迹变成了长长的线条，将人们看不到的景象记录下来，因而更具震撼人心的力量『焦距：17mm┊光圈：F14┊快门速度：3619s┊感光度：ISO200』

光线摄影